金屬

Metal Material

材質

| 萬 | 用 | 事 | 典 |

從空間設計適用金屬種類、表面加工與塗裝，
到施作工法全解析，玩出材料的新意與創意！

目錄

Chapter 01　空間設計常用之
　　　　　　金屬材質知識...P004

3

Chapter 01

空間設計常用之
金屬材質知識

1 # 金屬材質的項目種類

金屬材料可分為鋼鐵與非鐵兩大類,其中鋼鐵材料是以鐵為主,再加入一些元素,如碳、矽、錳、磷、硫……等,碳含量在2wt%以下者為鋼、2wt%以上者為鑄鐵。非金屬的材料指的是主要成分非鐵的金屬合金,包含輕金屬(如鋁、鎂、鈦……等)、貴金屬(如金、銀……等)、銅合金、超合金……。依據空間設計常用之金屬材料,分別介紹鋼鐵、銅、鋁等,並就各自特性、用途做說明之。

鋼鐵

鋼鐵的用途與人類生活息息相關,小至手錶、鍋鏟,大至交通工具、房屋建築……等,皆扮演極重要角色。行政院國家科學委員會出版的《金屬材料》指出,鋼鐵的主要成分為鐵,在冶煉鋼鐵的過程中,含鐵的礦石先在高爐中被冶成熔融生鐵,由於生鐵含碳量過多,且含多量的矽、錳、磷、硫等雜質,質硬而脆、不易加工,經過煉鋼的步驟才能除去不純物與過多的碳,除碳的過程中不能將碳除盡,鋼需要有一定量的碳,才能產生一定的性能。為了賦予鋼特殊的性質,在冶煉的過程中,會適量加入一些合金元素(如碳、矽、錳、磷、硫……等),製造出有不同特殊用途的鋼表面,如耐熱、耐磨、耐蝕……等。接下來將從材質特色、適用性等說明鋼與鐵之間的差異。

碳鋼

國立臺灣科技大學助理教授謝之駿指出，碳鋼是由五大元素碳、矽、錳、磷、硫所組成，一般鋼鐵的碳含量範圍是0.2～2.0wt％，依據含碳量的多寡區分出低中高碳鋼，同時也是決定各種用途的關鍵。「低碳鋼」的含碳量通常低於0.25wt％，延展性佳也易於加工（如鍛造、焊接、切削等），常用於製造建築結構用的型鋼、鋼筋等，交廣工程顧問有限公司負責人陳敬賢表示，正因低碳鋼的碳含量低，用於建築構件中可發揮高塑性及韌性，亦能抵抗相當複雜型態的外力。「中碳鋼」的含碳量介於0.25wt％～0.60wt％之間，此鋼材在製造過程中會不斷反覆地進行熱處理，以提高含碳量，碳含量提升連帶強度會增加，但卻也會拉低延展性與韌性，在建築空間中，此類鋼材較常被運用在要求高強度、耐磨耗的零件上，如螺絲、螺帽等。「高碳鋼」的含碳量則為0.6～1.4wt％，屬於碳鋼中硬度最大、強度最高的，但其加工性則相對低，以工具模具鋼為代表之一。陳敬賢談到，在建築結構的使用上高碳鋼較不普遍，但是很常用在一些變形量要求較低，或是能抵抗溫變的場合中，如軸承、門框等。

TIPS：**金屬材質注意事項**

1 建築結構因為要抵抗本身的自重以及地震及風力等外來力量，所以必須要具備延展性及韌性，不能夠太硬太脆，因此，必須選擇含碳量適當的，既能發揮強度，又能展現材料的韌性。

2.過去以有無磁性來區分是否為純正不鏽鋼的辦法其實不可靠，因為很可能將含有過量的重金屬錳的劣質不鏽鋼給蒙混過關，若長期使用到這類的不鏽鋼，會嚴重危害到身體健康。除了購買時留意出廠證明、型號之外，另也要留意材料是否有受損（如刮痕、膜剝落），若有則不建議購買；另外也可以透過不鏽鋼錳含量檢測液進行檢驗，或是送至專業不鏽鋼品質檢測公司檢驗，以免影響健康。

合金鋼

為了改善鋼材本身的性能，在冶煉碳鋼的基礎上，會再加入一些合金元素，如鉻、鎳、鉬……等，煉成所謂的合金鋼，如錳鋼、鉻鋼、硼鋼……等，以達到不同的使用目的。陳敬賢說到，錳鋼即成分中含有錳，這會使得材料具有抗衝擊、抗磨損等作用，但相對的熱處理能力較低，多用在製造彈簧機械零件；鉻鋼指的是含鉻的合金屬，質地堅硬、耐磨、耐腐蝕且不易生鏽，多用來製作機器與工具；硼鋼則是在鋼材中加入硼元素，其強度好、硬度也很高，常用於汽車的車身板金。在合金鋼中，又屬於不鏽鋼（俗稱為白鐵）最為一般人所熟悉，其抗蝕性強、易於加工，易清潔維護，被廣泛運用在日常生活中。謝之駿表示，不鏽鋼的成分中含有鎳、鉻、鉬、鎢等合金元素，其中鉻、鎳會讓鋼產生很好的耐腐蝕性，特別的是鉻這項成分，鉻含量超過12％時，可使鋼鐵表面形成一層氧化膜，阻止金屬被進一步氧化，也能提高耐蝕能力。不鏽鋼也依鉻、鎳成分比例的不同，有200系列、300系列以及400系列之分，200系列裡鎳元素較少，價格低廉也相對容易生鏽；300系列裡有高含量的鉻、鎳，相對堅固耐用，也是應用最廣的級別，又以304、316之最；400系列其成分中不含鎳或是鎳含量小於2.5％，且有磁性。

生鐵

生鐵是含碳量大於2wt％的鐵碳合金，多半碳含量介於3.5～4.5wt％，它是直接經由高爐中生產出的粗製鐵，可再進一步經過精煉製成熟鐵、鋼、鑄鐵和展延性鑄鐵等。

鍛鐵	將生鐵在爐中做加熱動作，以燒去部分碳，使含碳量在0.05wt%以下的鐵。也稱為「熟鐵」、「軟鐵」。鍛鐵本身較軟，雖然有具備比較好的抗腐蝕性、韌性與延展性較高，但相對來說其硬度與強度則較低。
鑄鐵	經過鑄造加工的生鐵稱之為鑄鐵，也是指含碳量在2～6.67wt%鑄造鐵碳合金的總稱。

TIPS：金屬材質注意事項

1. 純鐵本身的含碳量過低，雖容易塑造形狀，但是在承受外力時，容易非預期的彎折或破壞，這對於建築結構的梁柱構件來說，是一項很大的致命傷，因此比較少被用在建築結構上面。
2. 一項材料的使用應要適才適所，就金屬而言並非愈硬愈好，最終仍要依據用途決定適合的強度才合宜。
3. 使用金屬材料時，一定要有「材料檢測」的觀念，原因在於這些材料都會大家運用在我們日常生活中，若成分不純、品質不佳，不只有食安疑慮，更嚴重還有潛在的危安問題。

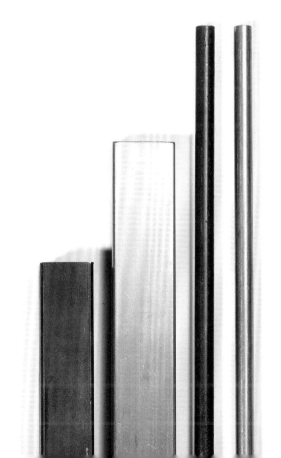

TIPS：金屬材質注意事項

1. 銅與空氣接觸容易出現氧化變黑，雖然市場上有廠商可提供還原處理去除變黑情況，但再與空間接觸後仍還是會產生氧化的情況。

2. 相較於鋼鐵，銅在加工成型（如彎折）時易有回彈情況，要像鋼材一樣折出俐落角度也稍有困難，再者其較脆、易裂，焊接時不易黏接外，還容易出現排斥情況，若後續有要特別做加工時，須留意施作困難度。

銅

銅為一種金屬元素，它是導電及導熱第二高的金屬，廣泛使用在導電及導熱用材上。銅也易與許多元素（鋅、錫、鎳、鋁……等）的互溶度大，可形成不同的合金，因添加成分不同，色澤也不同，造就出黃銅、青銅、白銅等。本章節就空間設計中常見的紅銅、黃銅做說明。

紅銅　純銅一般指紅銅，本身帶有紅色色澤，一些折射情況下也會出現紫色，所以也有紫銅之稱。由於本身具有很好的導電與導熱性能，因此大量用於製造電線、電纜……等要求導電性良好的產品。壹式設計整合有限公司Rick指出，紅銅本身質地柔軟，很適合鍛造加工成型，如食器中的碗、湯匙等，有許多是以紅銅製作而成的；不過也正因為質地過於柔軟，較不會拿來作為結構材料。

黃銅　黃銅是銅合金中應用較為廣泛的合金，即是純銅中加入「鋅」元素，隨鋅含量的增加，色澤會由紅變黃，這樣的混合除了顏色改變，也會使得黃銅擁有良好的耐蝕性、機械性能外，在切削加工成型的性能上也較為突出，除了可造精密儀器、一般常見的水管、冷凝管、五金元件、自來水管線等，多以黃銅作為原料。另外，近幾年開始黃銅也被廣泛運用於室內設計中，作為傢具、傢飾、燈具的材質，獨特的色澤與質地，替空間帶來不一樣的味道。

鋁

鋁為一種銀白色的輕金屬，《熱處理－金屬材料原理與應用》文中指出，鋁及鋁合金的產量在金屬材料中僅次於鋼鐵材料，是非金屬中用量最多的、應用範圍最廣的材料。二次大戰前鋁主要用途僅為製造飛機和鍋爐器皿等，二次大戰時，由於加工方法的改善，鋁的優越性能陸續被開發，因而被大量使用。

鋁

純鋁本身的強度不高，在添加合金元素後，能製造出不同低、中、高強度的鋁合金，以滿足不同的需求。《防蝕工程》期刊一文「鋁合金的腐蝕與防治」中談及，鋁合金因質量輕、強度高、易加工，且耐蝕性佳，因此應用十分普遍，大至飛機、火車、汽車等運輸交通工具，小至鋁門窗、易開罐、食品包裝、百葉簾⋯⋯等家用品，顯示鋁合金的應用早已和人類生活密不可分。翔博金屬建材有限公司總經理陳建伯指出，由於鋁合金可以透過擠壓法生產出各種斷面的型材，是建築、空間設計中重要的結構與裝飾材料，如輕型結構梁柱、門窗框架、幕牆結構架、裝飾型材⋯⋯等。陳建伯進一步補充，鋁合金板材也能與其它材料進行複合加工，並製造成如：鋁塑複合板、鋁蜂窩複合板⋯⋯等，這種複合板本身硬度夠、耐候性佳，經常被拿來作為建築內外部立面的裝飾材料。

TIPS：金屬材質注意事項

1. 為避免鋁與大氣直接接觸產生氧化情況，建議可在鋁材上進行表面塗裝，施作塗裝作業時，確實清除表面殘留雜質外，在切面也應加以塗裝，使所有可能與環境接觸面都有所保護，也降低氧化情況發生。

2. 定期檢查鋁材表面塗層是否有受到磨損或被刮傷見底，若有這樣的情況最好進行修復與維護，避免再與空氣、環境接觸催化下，加深氧化情況，進而影響其安全性。

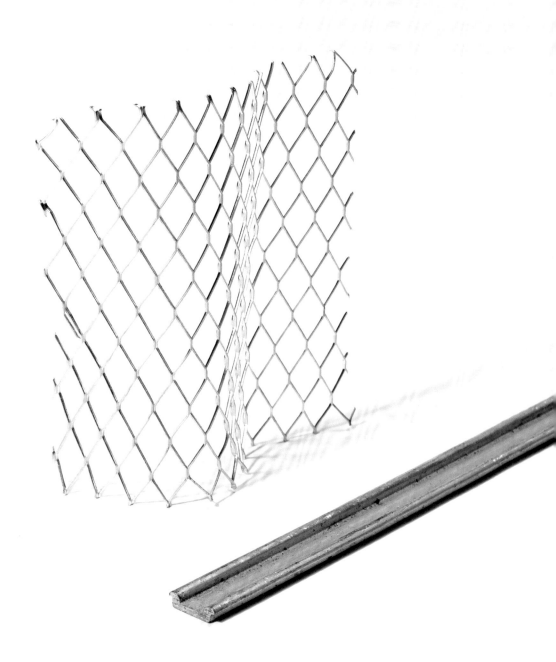

攝影＿江建勳　部分金屬提供＿鐵漢金屬工藝有限公司　13

Know ledge 2 金屬材質的型材樣式

因應各種市場需求及各種不同的應用面,業者又再將金屬製成各式的型材樣式,包含棒/管狀、板/片狀、網狀……等,隨應用不斷地創新,金屬型材的使用也更為多元。

TIPS:製材樣式注意事項

1. 管狀金屬的標準長度單位為6m,零售計價單位最少計量為1支。(註:1m=100cm)
2. 棒/管狀金屬多為規格品,除非有遇特殊需求才會量產客製。

棒／管狀

棒／管狀的金屬有「空心」（屬於管材）與「實心」（屬於棒材）之分。空心形
式常見有：方管、扁管與圓管，方管是邊長相等的空心管材，扁管為邊長不相等
管材，而圓管為圓形中空的管材；實心形式常見有：方鐵、圓鐵，方鐵是邊長相
等的實心管材，圓鐵則是圓形斷面的實心管材。棒／管狀類的金屬用途廣泛，可
透過後續加工、裁切、焊接等，運用於建築材類、運輸工業、農業設備、電器用
品、傢具甚至其他項目等。

攝影＿江建勳　金屬提供＿鐵漢金屬工藝有限公司　15

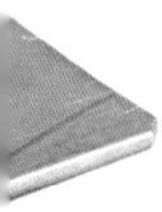

板／片狀

金屬經過加工後形成薄片樣貌後，成就出板／片狀的板材，這是製材中最常見的形式之一。鐵漢金屬工藝有限公司陳盈全談到，金屬板材可經由切割、彎曲、拗折等製造出各種不同的形狀，當然也可以透過焊接、螺絲等方式做板材的銜接與固定。金屬板材的用途同樣相當廣泛，建築空間、室內設計、傢具設備……等，均看得見其蹤跡。

TIPS：製材樣式注意事項

1. 板材金屬常見以4尺×8尺或5尺×10尺為一個單位，需要特殊尺寸也可再客製化。（註：1尺＝30cm）
2. 板材有厚薄之分，以鋼板為例，習慣上將3mm以下列為薄板、3mm～6mm為中厚鋼板、6mm以上為厚鋼板，依需求選擇適合的厚度。

攝影＿江建勳　金屬提供＿鐵漢金屬工藝有限公司、壹式設計整合有限公司

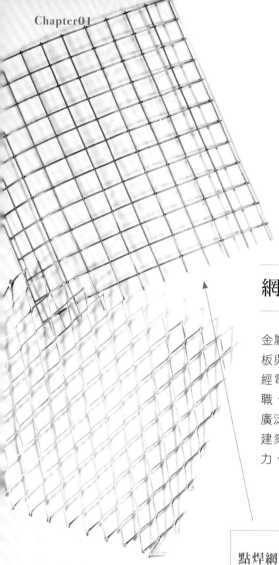

網狀

+

金屬板材經過沖孔、縱切與擴展拉伸成就出沖孔
板與擴張網,或是將低碳鋼絲經調直截斷後,再
經電焊焊接後成點焊網,原本這些材料各司其
職、發揮其作用力,但隨著運用形式更為多元與
廣泛,愈來愈人將這些網狀形式的金屬材料用於
建築立面、傢具設計中,展現材料不同的作用
力,也替空間、物件等帶出不一樣的面貌。

| 點焊網 |

點焊網主要是將低碳鋼絲,通過調直截
斷後,再由電焊設備焊接而成的網片,
網片上的孔型多呈現正方(矩形)為
主。Sit down pls請作鐵木工坊鍾政宏指
出,點焊網最早主要用於建造建築外牆
在澆置混凝土時的一項內材,藉其增加
混凝土握裹力與固定性,以避免出現結
構龜裂的情況。其獨特的形式,也開始
出現將它運用作為傢具櫃體立面的裝飾
材料,同樣藉其穿透效果,加強櫃體本
身的通風與乾燥。

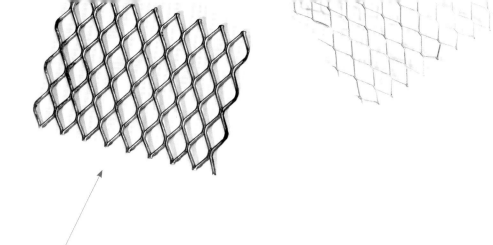

擴張網	將金屬板材以擴張網機同時做縱切與擴展，經過拉伸後成為一個大小、形狀均相同的網板。擴張網最早運用於建築中，作為構造加固的一項材料，而今隨應用更趨多元，經過拉伸後所產生的菱形孔狀，不僅能豐富立面視覺，再者其穿透孔型也有助於採光、通風，不少設計者會將它運用在建築立面，或是直接作為櫃體的門片材料，一展材料的美觀性與實用性。
沖孔板	沖孔板（或稱沖孔網）是將金屬板材以沖剪拉伸或沖孔方式，使表面有各類孔型的金屬板，黑鐵、不鏽鋼、鋁等，都可製作成為沖孔板。鍾政宏表示，其表面孔型多以圓形為主，另外，市場上也一些特殊造型誕生，如六角形、菱形……等。洞孔使得沖孔板具有裝飾性，常以立面裝飾性質被運用在建築、空間中，如天花板、牆面、門片等，使空間充滿視覺感、整體效果也加分不少。

TIPS：製材樣式注意事項

1. 網狀在裁切上要注意收邊處的表面處理，降低與空氣直接接觸的可能性，以避免氧化情況產生。
2. 沖孔板、擴張網亦有提供所謂的附框造型，可依設計需求選擇適合的形式。

攝影__江建勳　部分金屬提供__鐵漢金屬工藝有限公司

Know ledge 3 金屬材質的加工成型

每項金屬物件的成型，其中必須經過不同的加工方式，才能將材料製成各式零組件、結構等項目。金屬加工分很多種形式，此章節就固體成型加工來做說明，固體成型加工所使用的原料為金屬板材、條／管狀材及其他固體形態，常見的加工方式包含：切削、折板／彎曲、焊接／熔接……等。

TIPS：加工成型注意事項

1. 由於切削主要是透過切削工具完成，工具的優劣將關係到整個切削工作的成敗。
2. 切削速度為切削條件中，是最為廣泛的影響因素，建議速度要控制在一致，所製造出來的成型物件才比較不會有無誤差。

切削

+

金屬切削指的是透過工具與刀具相互作用將材料切割成型。金屬切削包括：車削、沖孔、雷射切割及其他具有切削作用的機器加工……等。車削是最基本、最常見的切削加工方法，其所使用的機器為車床，可處理一般切削工作，亦可作外徑及端面的切削……等；沖孔是利用特殊工具在金屬片上沖剪出各種形狀或大小的洞孔。切削方式沒有絕對，只有適切性問題，最終仍是要依據材料、造型、需求，選擇適合的金屬材質切割方式才正確。

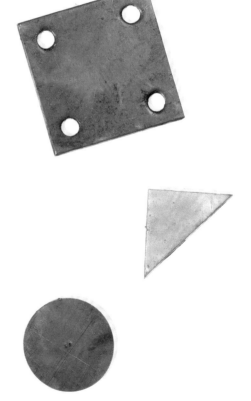

攝影__江建勳　金屬提供__鐵漢金屬工藝有限公司　21

折板／彎曲

+

將固體金屬材料放置在彎板機上，透過施力將金屬拗折出各種的角度。II Design 硬是設計設計師吳透表示，折彎時會有一定的回彈，使得金屬板材在折型時，會因板厚而使折線成圓角型（即R角），角度要比要求的角度稍大一些，為了讓工件更為平整、俐落，會在內角做一個V-CUT（刨溝）的動作，這主要是在鐵板表面刨出一條溝槽，再接續之後的折彎加工，幾何外型較為理想，亦能減少板材拆彎時R角的角度。

TIPS：加工成型注意事項

1.超薄型的金屬板較不適合用刨溝（V-CUT）方式。
2.若板材本身較薄，要留意折彎處是否較為脆弱的問題。

攝影＿江建勳　金屬提供＿壹式設計整合有限公司　23

焊接／熔接

+

焊接（或稱熔接）是一種以加熱或加壓方式，將金屬與其他熱塑性塑料的術接在一起。Rick談到，金屬焊接技術有氣焊（又稱氧乙炔焰焊接）、電焊、氬焊（TIG焊接）等，氣焊是最古老、最通用的技術，而後則又有所謂的電焊、氬焊誕生。氣焊是使用乙炔與氧氣所產生的高溫火焰熔化金屬進行焊接；電焊是指透過電能，再經由熔化、加熱、加壓方式，將金屬工件產生永久性的連接。至於氬焊屬於電弧銲的一種，利用氬氣對金屬焊材的保護，透過高電流使焊材熔化，使被焊金屬與焊材達到結合的一種技術，因其焊接成形好、又可實現精細焊接，是現今頗常被使用的一項技術。

TIPS：加工成型注意事項

1. 做好焊前整備，包括焊機焊接材料準備、清理接口等，以免影響焊接品質，再者也要訂好相關作業規範與流程，以利管控品質。
2. 焊接品質的好壞，最直接的就是與焊工的技能有關。

Know
ledge 4 # 金屬材質的表面加工

金屬材料除了透過不同的形狀、樣式增添外觀的差異,另也會針對表面做加工處理,美化材質的同時也提升裝飾性能。

表面加工

金屬材質的表面加工樣並沒有絕對,可依據個人的喜好、對於金屬物件的使用習慣來做選擇。分別就空間設計中常用的加工形式,包含拉絲、壓紋、拋光等技術做一說明。

TIPS:表面加工注意事項

1. 若使用較為頻繁,若要在表面使用拉絲技術,建議可選用亂紋,真的不小心產光刮痕也比較不容易看出來。
2. 拋光後的表面較為光亮,使用上要多加注意,以免刮傷金屬表面影響美觀性。

拉絲技術是利用機械加工出不同的紋理,以毛絲面為例,主要是以150～240番的紗布,以輪拋光加工方式,使不鏽鋼表面呈現出直線的光澤細紋;亂紋面則是以偏心圓打轉方式拋光,呈現不規則方向性細紋。

拋光技術指的是利用機械、化學或電化學等作用,使金屬表面粗糙度降低,以獲得光亮、平整表面的加工方法。光面是將不鏽鋼經冷軋後退火後,再施作細軋平整加工具有良好光澤,至於鏡面則是再用羊毛輪進行研磨,呈現高反射性。

金屬壓花是通過機械設備在金屬板上進行壓紋加工,使板面出現帶有凹凸的圖紋樣式。

Know ledge 5

金屬材質的表面塗裝

「電鍍」與「塗裝」都屬於表面工程範疇，透過電鍍或塗裝可賦予金屬材質一些功能外，也能讓表面更加美觀。電鍍主要是在金屬表面鍍上金屬鍍層，如鋅、鎳、錫、銀、金⋯⋯等，依據元素提供不同的功能作用。塗裝則主要指包括噴漆、烤漆／塗裝⋯⋯等，透過不同方式提供不一樣的呈現效果。

電鍍

電鍍是利用電解反應把一種金屬鍍於另一種金屬附著在物體表面上，其目的為改變物體表面的特性，使金屬表面的光澤美觀、防鏽、防腐蝕，甚至也能提高耐磨性能⋯⋯等。電鍍又因需要之不同，分為鍍銅、鍍鋅、鍍銀、鍍鉻、鍍鎳、鍍錫、鍍金及鍍其他合金⋯⋯等。其中，鍍鋅是用途最廣泛的表面鍍層處理，鋅層能防止板金件的腐蝕；鍍鋅又可再分為電鍍鋅與熱浸鍍鋅，前者是透過電解設備鍍上一層鋅，後者則是將鋼板放入熱鍍鋅槽中進行表面鍍鋅，表現呈現出塊狀或樹葉狀的亮銀色結晶花紋，其鍍鋅層又分為超平滑表面（無花）、一般鋅花（大花）、微細鋅花（小花）。至於鍍鈦它與一般電鍍不太相同的是，其採用的是物理蒸鍍的方式來處理，鈦金屬經過蒸發後會成為氣體原子或電漿型態，再利用真空離子鍍膜技術，將鈦離子附著至被鍍物體表面上，其過程比較屬於物理加工，可避免化學電鍍所產生的廢料，鍍鈦可鍍上的金屬色澤多元，如金色、銅色、香檳色⋯⋯等。陳建伯表示，鍍鋅常運用於鐵或鋼材上，鍍鈦則使用在不鏽鋼上，鍍鈦處面使用上須小心碰撞刮傷，因為較難修復。

TIPS：表面塗裝注意事項

1. 在針對不同基體材料電鍍鋅處理時，宜按照不同類型的基體金屬材料制定合適的處理流程。

2. 電鍍後的顏色無法做到均勻一致，建議要提供可以接受的顏色差距值。

TIPS：表面塗裝注意事項

1.噴塗厚度的單位為μm（微米），1條等同於0.001cm＝
  0.01mm＝10μm，數值愈高表示愈厚，實際會依照各家廠商操作
  人員、機器、漆劑濃稠度而有所不同。

2.被噴塗物的表面一定要清潔乾淨，以免物質殘留影響材質也破壞
  美觀性。

3.各家廠商的塗裝方式、流程皆不同，建議在選擇前可以多方比
  較，透過實際作品判斷品質好壞再做選擇。

塗裝

＋

塗裝是表面處理過程中一項重要的製程，將塗料施於被塗物表面的一種裝飾，在金屬塗裝裡，較常見的是作法分為：噴漆、烤漆／塗裝，可就預算、呈現效果等決定適合的方式。

| 噴漆 | 噴漆主要是透過噴槍，把經由硝酸纖維素、樹脂、顏料、溶劑等製成的人造漆，施塗於被塗物表面的一種塗裝方法，可塗飾於汽車、傢具、飛機、皮革……等。 |

| 烤漆／塗裝 | 烤漆是在噴上幾道油漆後再經過烘烤定型，由於密著性高，可增加物體硬度。早期烤漆多以溶劑調合噴漆，再進行噴色、烘烤，偏屬於液態塗裝形式，由於這樣的漆劑對環境有害，而後便推將溶劑樹脂改為粉狀，再透過靜點方式，將塗料附著於物件表面，再經由200°C溫度烘烤完成。粉體塗裝所採用的設備幾乎可達到全自動化，無須浪費人力資源，至於液態塗裝操作上較為彈性，面對需移至現場操作時，此方式較為方便。另外市場上也盛行一種氟碳烤漆，HII ARCHITECTS工二建築設計事務所設計師胡靖元談到，氟碳烤漆的耐候性、表面硬度都比其他烤漆來的理想，在面對戶外或是相對潮濕的環境就會加以選用。 |

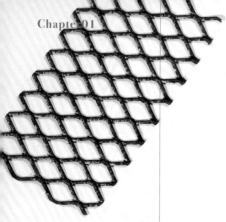

Know
ledge **6** + # 金屬材質的使用維護

日常生活中，經常使用或接觸許多由不同金屬材料製成的用品、工具或設備等，一般來說這些金屬材料或多或少都會腐蝕，即物質與周遭環境產生的一種反應，使金屬材質出現破損、性質退化等情況，除了造成使用上的不便外，也可能會危害安全，使用上應多留意。

使用方式

+

鍾政宏談到，選用金屬材質要依據使用需求、環境做評估後再選定，原因在於不少金屬材質害怕潮濕環境，最常見的就是鐵元素，其與環境中的水氣、鹽分……等接觸後，容易出現鏽蝕的情況，若所處環境正好濕度、鹽分值均較高，建議避開使用鐵元素。另外，環境中的酸鹼值亦會對金屬材料產生影響，例如海邊就是一個酸鹼值相當高的地方，若要選用不鏽鋼材質，建議可使用316不鏽鋼，其耐酸鹼腐蝕性又再更高一些。除此之外，還要留意環境中的日照問題，陳盈全指出，若使用環境常有陽光直射的情況，隨日照時間過長，雖然不會影響金屬本身，但若是以噴漆處理的表面，會有可能會失去原有的光澤和美觀性。

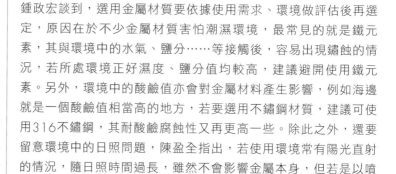

維護方式

　金屬材質的使用上，宜避免觸及硬金屬件，以免造成刮傷、影響美觀性。至於在清潔上，以亮面或鏡面不鏽鋼為例，應盡量避免使用菜瓜布刷洗，以免刮傷或刮花金屬表面，建議可用棉布沾水擦拭。若不鏽鋼表面因使用頻繁出現較多刮痕時，其可能會失去原有的耐鏽特質，亦會破壞視覺美觀，建議可請專業不鏽鋼刮痕修復公司進行修覆，還原既有的顏色與質感。有進行表面塗裝的金屬亦需要維護，鍍鈦雖然不會生鏽，盡可能少與水接觸，以乾布擦拭仍能保持光亮與美觀性；噴漆金屬，較容易因刮傷造成漆脫落，若是出現這樣的情況，可再以補漆方式修復。

TIPS：使用維護注意事項

1. 若鐵件出現鏽蝕狀況，在還不嚴重的情況下，建議要先把生鏽部分清除乾淨，清至原本鐵件的狀態才行，而後再依序進行防鏽、裝飾色漆的塗裝。
2. 若腐蝕已出現穿透情況，建議勿再繼續使用，以免造成安全上的危害。

Chapter 02

空間設計常用之
金屬材質選擇與運用

Type01
結構
構件

PART 01
結構構件之
金屬材質選擇

作為結構構件的金屬材質，除了考量使用環境（戶外、室內）之外，另還要先評估整體原地基、原結構對於新增加結構之承載性，找出適合的金屬材質與施工方法，以避免產生使用安全上的疑慮。

圖片提供＿林鼎源建築師事務所

結構構件金屬材比較

種類	鋼結構	H型鋼
特色	鋼結構，通常也稱作鋼骨結構，屬於建築工程中的一種結構系統。鋼材擁有強度高、韌性佳、自重輕、骨架修長等特點，使鋼結構以耐震聞名。	H型鋼其實心堅固、抗彎能力強，翼緣表面相互平行，讓連接、加工、安裝等施工相對簡便。
挑選	鋼構的骨料規格可概分為「鋼骨結構」與「輕型鋼架結構」，前者屬典型鋼構系統，承重能力高；後者則是骨料較細的輕型鋼結構。	依使用場合做挑選，若設於戶外得承受風雨，可選用耐用的不鏽鋼材質，室內則看使用上是否需要高強度的耐鏽功能或是在表面做防鏽處理即可。
運用	鋼構隨著建材的搭配可發展的牆體相當多元，如：玻璃帷幕、石材帷幕、以及鋁帷幕打造金屬牆面等。	必須要委由結構技師計算承重耐受等細節數據，再依照結構技師的規劃來選用不同材質跟規格的H型鋼。
施工	施工前，鋼鐵廠會就設計圖面進行一連串的細節與數值確認，接著再有計畫地將所有鋼材尺寸、孔徑、中介材料做統一整理，以求元件精準，現場組立零失誤。	注意與牆面或地面接合處是否需要補強處理，以免日後發生斷裂的情況。
計價	材料本身以重量計價（其他項目另計）。	材料本身以重量計價（其他項目另計）。

鋼結構
探索建築的各種可能性

+

<table>
<tr><td>特色
解析</td></tr>
</table>

鋼結構，通常也稱作鋼骨結構（SS, Steel Structure），屬於建築工程中的一種結構系統。相較於鋼筋混凝土系統（RC, Reinforced Concerte），鋼材擁有強度高、韌性佳、自重輕、骨架修長等特點，使鋼結構以耐震聞名。但耐震的優點相對也是它的缺點，鋼骨材質由鋼鐵構成，韌度結構佳，受地震或風力作用時能吸收能量後再釋放，因而會產生一定程度的搖晃。故高樓層的使用者感受到的擺動幅度較強烈，居家物品也易隨之掉落。倘若是居住在鋼構建築的低樓層，因其無法阻擋來自外部環境的聲音、振動，當街道上有大卡車經過，於地面產生的振動傳到結構體，此共振效應將對生活造成干擾，雖可用其他工法改善但又會增加建造成本的負擔。所以一般5層樓以下的集合式住宅、平房或獨棟別墅，理論上只需採用鋼筋混凝土系統建造即可。其次，鋼結構的施工特點為「組構式」，有助於建築師於曲折地形揮灑微型建築的各種可能性，能適應不同基地條件的需求，即便是山坡谷地也可以有絕佳的發揮空間，與需要整地、灌漿等繁複工序的鋼筋混凝土系統而言，鋼構建造的設計彈性更靈活，且有效地縮短現場施作時間。

台灣在經歷921大地震後，普遍對鋼構建築的耐震效果產生迷思。事實上沒有採用哪種結構系統一定就是最好，以安全性、經濟性為前提考量，視個案型態的建築類別、建築規模、基地條件，再從用途、造型與環境一一評估，選擇合適的結構系統與工法。千萬不要用錯結構系統，雖然擁有了耐震保障，反而因為隔振隔音隔熱不佳而影響日常生活品質。此外，鋼構的骨料規格可概分為「鋼骨結構」與「輕型鋼架結構」，前者屬典型鋼構系統，承重能力高，如H型鋼用於建造結構工程作為梁柱，主要被應用於工業廠房、大跨度結構與抗震要求較高的高樓層建築；後者是骨料較細的輕型鋼結構，常見於非居住性、臨時性的建築，如：小型廠房、倉庫、樣品屋。

圖片提供：林淵源建築師事務所

建築於小山谷之上的鋼構木屋，打破了人們對房子的想像，讓它好似從土地長出來，猶如本來就是森林的一部分。

設計 運用	鋼構隨著建材的搭配可發展的牆體相當多元，如：玻璃帷幕、石材帷幕、以及鋁帷幕打造金屬牆面等。以住宅用途來說，最常見的設計運用有鋼構水泥牆與鋼構實木牆；水泥牆的部分為預鑄式，先在工廠做好一塊塊的水泥板塊，再到現場組裝；鋼構實木牆同樣以鋼骨樑柱為建物的主骨骼，輔以鋼架為副骨骼讓實木牆板有所依附，內外實木牆之間以複層式工法填塞隔熱材、防水層、隔音材料，使牆壁結構不僅耐震，還兼具耐候防雨隔熱的特點。

施工 方式	1.施工前，鋼鐵廠會就設計圖面進行一連串的細節與數值確認。 2.計畫性地將所有鋼材尺寸、孔徑、中介材料做統一整理，以求元件精準，現場組立零失誤。 3.整體施作採乾式施工，即鋼構與其他異材質銜接的中介材料如：高強度螺絲、鉚釘等組立金屬構件，以或鎖或掛的方式組裝結合。

注意 事項	1.鋼構系統的現場施工時間雖然較短，但也意味著前期作業對各元件的精準度要求高，容錯度低。一點點的落差，都可能導致現場無法繼續作業。 2.和一般RC工程不同，鋼構系統施作技術門檻高，會由專門的施工團隊進場負責搭建樑柱，之後的細骨架鋼材又是另外一批師傅進場。

圖片提供＿林淵源建築師事務所

以自平水泥地打造地坪，施作方式是於架構完成的樑柱地基搭上一層瓦楞型鋼板作為樓層板，再澆置混凝土。此作法的好處是提高樓地板的鋼度，當人們在屋內行走時，不會像走在木地板產生蹦蹦聲響和振動。

圖片提供＿林淵源建築師事務所

外牆是厚度近20cm的鋼構實木牆體，牆壁結構內封包了鋼骨、鋼架和相關隔熱防水材料。

｜適用方式｜ 結構設計
｜計價方式｜ 會依照建築設計、施工難易度訂定費用，另還
　　　　　　會收取相關加工費、取運送、安裝費……等。
｜計 價 帶｜ 材料本身以重量計價（其他項目另計）。

H型鋼
靈活空間與格局的表現

+

特色解析	H型鋼因斷面與英文字母「H」相同而得名,其實心堅固、抗彎能力強,翼緣表面相互平行,讓連接、加工、安裝等施工相對簡便,且在相同截面負荷下,熱軋H鋼結構比傳統鋼結構重量減輕15～20%,因此廣泛應用於承載能力大、截面穩定性好的工程方面。
挑選方式	鋼鐵材質的價格受其成分影響,黑鐵易鏽蝕價格比較便宜,不鏽鋼(白鐵)價格比較高,可看使用的場合挑選,如在戶外承受風雨,可選用耐用的不鏽鋼材質,室內則看使用上是否需要高強度的耐鏽功能或是在表面做防鏽處理即可。
設計運用	使用H型鋼補強房屋結構時,必須要委由結構技師計算承重耐受等細節數據,再依照結構技師的規劃選用不同材質跟規格的H型鋼,切勿自行判斷以免發生危險。

圖片提供＿兩冊空間設計

空間經過評估後，利用H型鋼再製造出其他樓層，成功地靈活原格局的表現。

施工 方式	1.注意與牆面或地面接合處是否需要補強處理，以免日後 發生斷裂的情況。 2.鎖住H型鋼的螺絲強度與長度，以及焊接點的密合與長 度，皆是日後使用安全的考量重點。
注意 事項	1.作為結構使用需注意防鏽，是否有做防鏽處理以及擦上 如紅丹漆等防鏽面漆。 2.如與房屋結構有關之施工，務必要找結構技師設計施工 方法才能確保結構安全。

適用方式	結構構件
計價方式	以鋼材種類跟規格計價。
計 價 帶	材料本身以重量計價（此多半會委由結構技師 計算）。

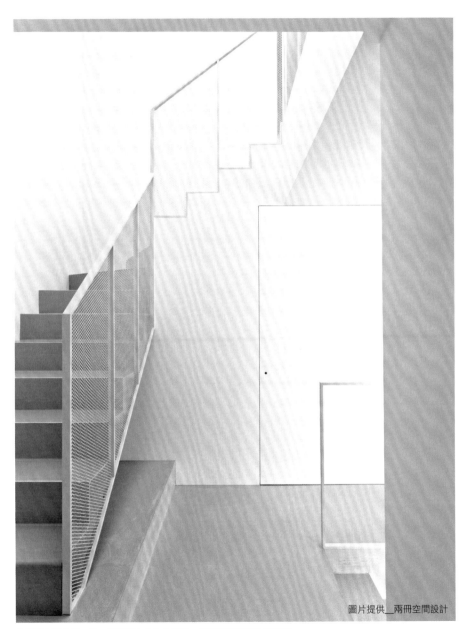

圖片提供＿兩冊空間設計

結構與空間色系一致，同樣以白色作為表現，更顯整體的輕盈與俐落。

Type01
結構
構件

PART 02

結構構件之
金屬材質運用

透過設計的創意運用,金屬材料除了能突破施作
環境的限制之外,還能有效的劃分出格局,在空
間裡又再衍生出其他的小場域,讓建築與空間的
表現形式更加地多元。

圖片提供_林淵源建築師事務所

設計手法 01 山谷間，輕輕放上微型鋼構木屋

運用範圍：建築架構

金屬種類：H型鋼

設計概念：要在崎嶇不平的山谷地形蓋房子，為保有原始地貌，林淵源建築師事務所建築師林淵源捨棄剷平整地作法，以輕量化系統鋼骨結構興建「T House」。組構式施工模式不僅設計彈性大，亦能適應不同基地狀況。在低谷凹間位置利用鋼構骨架將建築架構起來，跨越溝渠銜接兩側高地，從高處俯瞰是略呈T字型的空間。克服三高一低的內凹谷地考驗，僅4個月便蓋出與自然共生共存的度假屋。

施工關鍵TIPS：

1. 山坡地路小，鋼構材料運送困難，最好預先安排動線。
2. 於山凹處要進行精準放樣是最大挑戰，事前須與工廠端再三確認圖面和各尺寸。
3. 樓地板30.5坪的微型建築，從放樣到搭建鋼骨梁柱約費時兩週。

圖片提供＿林淵源建築師事務所

47

設計手法 02 訂製圓管鐵件、爬梯，打造愜意隨性的秘密基地

運用範圍：樓板設計

金屬種類：C型鋼、鐵件烤漆

設計概念：這個家對屋主來説也是工作場域，為了與日常生活做為切換，設計師於電視牆另一側規劃一區弧形的小半樓，複層上方成為具安全感的秘密基地，以C型鋼搭件而成的平台，加強整體結構性，陽台部份則預先將訂製鐵件鎖掛於RC結構內，再懸掛搖椅，看著遠方綠意天空隨意擺盪著，創造愜意與隨性。

圖片提供__FUGE GROUP 馥閣設計集團

施工關鍵TIPS：

1. 鐵件烤漆爬梯預先將螺絲鎖於C型鋼結構內。

2. 平台底下利用與桌面交錯的鐵件立柱輔助支撐，鐵件再以木皮包覆修飾。

3. 搖椅吊件為訂製圓管鐵件，將鎖件鎖在RC結構內，再利用木作天花以平釘方式修整。

圖片提供＿FUGE GROUP 馥閣設計集團

設計手法 03　C型鋼成創造複層結構的好幫手

運用範圍：樓板設計

金屬種類：C型鋼鍍鋅

設計概念：C型鋼施工方式較木工便捷且可選用現成規格品，鍍鋅可減少生鏽機會，相較木工有降低成本節省預算的優點，成為夾層設計常見的結構材質。此處選用10cm的C型鋼將兩隻鎖在一起作為結構支撐主體，搭配L型鋼與鐵片烤漆，施做時要注意間距排列密度，以確保承重度與穩固安全。

圖片提供＿兩冊空間設計

施工關鍵TIPS：

1. 選用適合現成規格的C型鋼再搭配木工一起施作。
2. 用L型鋼搭配鐵片作為樓板表層。
3. 最後再用烤漆搭配室內色系，讓整體更一致。

設計手法 04 ｜ C型輕鋼架不封底，樓板低也不顯壓迫

運用範圍：樓板設計

金屬種類：黑鐵、黃銅

設計概念：空間中的複層以下降半層的方式，自然連結了上下空間，上方臥房約180cm、下方開放式餐廚區則約195cm，在餐廚區的部分，為了讓視覺再延伸，即使樓板較低也能不顯得壓迫，所以餐桌正上方的天花板，採C型輕鋼架結構，並且不封底板再佐以黑色烤漆，讓餐廳的視覺高度增加20cm左右，另外搭配黃銅材質、竹葉葉片造型的藝術燈飾，達到藝術品生活化的效果。

圖片提供＿W&li Design十穎設計

施工關鍵TIPS：

1. 以C型輕鋼架作為結構，上下再以木作封板，不封底板。

2. 結構厚度控制約18cm左右，並連結了包含複層臥房區的木地板材。

3. 最後再用黑色烤漆修飾。

設計手法 05　革命性的懸吊系統，堅韌的鋼材承載一家的夢想

運用範圍：樓板設計

金屬種類：H型鋼

設計概念：以樹屋作為空間整體的概念，期望能實現屋主一家能在自然有機的環境中生活的理想，以懸吊系統建構樓板，再結合木素材減輕結構重量，結合堅韌的H型鋼確保承重力及安全性。為鋼材做了黑色烤漆的表面處理，表現出輕工業的視覺風格，搭配保留原色的木質調性以及局部裸露的紅磚牆，彷彿訴說著對於自然不拘的嚮往。

圖片提供__合風蒼飛設計+張育睿建築事務所

施工關鍵TIPS：

1. 使用的金屬為工業用鋼，俗稱H型鋼，若要加強承重力，會建議於天花板鎖上強力螺栓，並可勾於原有樓板的鋼筋上。

2. 為了減輕樓板的重量，一反以混凝土作為材料的作法，改使用木素材並將其卡進H型鋼的凹槽中，創造出可行走活動的空間。

3. 為了減輕重量，選用了10cm×10cm的鋼材，若是在跨距較大或者樓層較高的情況下，會建議使用更大的尺寸。

4. 焊接過後的焊道都需要做檢驗，一般來說不建議使用表面焊，力度會有不足的疑慮。

圖片提供＿合風蒼飛設計+張育睿建築事務所

53

Type02
立面
隔間

PART 01

立面隔間之
金屬材質選擇

為追求更輕量化的空間,立面與隔間材的使用也愈趨輕盈,立面部分嘗試納入鐵件元素,藉其堅硬特質形塑小場域之餘也作為立面表現的一部分;隔間施工也陸續導入鋼製輕隔間工法,施工快速且重量輕,不少設計者會選用。

攝影__Amily

立面隔間金屬材比較

種類	耐候鋼	黑鐵
特色	耐候鋼屬於合金鋼系列，獨特的組成元素，使得它會隨時間而發生變化，產生出獨特的色澤與粗獷的外表，廣泛被運用於建築結構、立面裝飾。	黑鐵材質屬低碳鋼，延展性高、好塑形，常被廣泛運用在各種金屬藝品中，再者本身材質特性堅固，亦適合作為空間中立面表現的一種。
挑選	大部分商業化的耐候鋼被規範在「ASTM A588」、「ASTM A242」及「JIS G3125」這三種形式。	黑鐵製品包含板類與管材，在挑選時除了考量視覺美感，更須留意結構部分能否安全支撐。
運用	運用於建築外牆、立面裝飾外，也常被藝術家拿來作為雕塑創作的元素。	黑鐵可塑性大，市面上有鐵板、方管、扁管與圓管等規格品可供挑選使用。
施工	為避免焊接點出現腐蝕的情況，建議可採取以拗折方式製造出溝縫，再搭配螺絲加以固定。	以黑鐵方管或扁管假如要焊接成框，切記焊接時要固定管件的端點或框的四邊。
計價	材料本身以重量計價（其他項目另計）。	材料本身以重量計價（其他項目另計）。

耐候鋼
與環境結合凝結出豐富的材質表情

+

特色解析

耐候鋼屬於合金鋼系列，其組成是在鋼中加入矽、磷、銅、鉻、鎳……等微量元素後，使鋼材表面形成緻密和附著性很強的保護膜，這層膜能阻擋鏽蝕往鋼材內層擴散與發展，因此不會出現不具耐候性質的鋼材有「鏽蝕」、「鏽穿」等劇烈氧化的現象。耐候鋼會隨著時間而發生變化，產生出獨特的色澤與粗獷的外表，除了被廣泛運用於建築外牆、立面裝飾外，也常被藝術家拿來作為雕塑創作的元素，在地景藝術、景觀雕塑等運用上，都能常見耐候鋼的蹤影。

挑選方式

根據《防蝕工程》期刊「碳鋼和耐候鋼4～8年大氣曝露腐蝕行為研究」指出，大部分商業化的耐候鋼被規範在「ASTM A588」、「ASTM A242」及「JIS G3125」。其中，A588、A242屬於低合金高強度鋼板，最常見的材料形式是鋼捲、裁切過的金屬板材，或是結構型剛（如H型鋼、I型鋼）等，因此常被廣泛用作為各種耐候建築立面、橋樑輔助構件等。

圖片提供＿HILARCHITECTS 工二建築設計事務所

這棟住宅座落於新北市淡水一帶，由於紅土是附近一帶外顯的自然景觀，設計者便特別選用耐候鋼作為建築立面材，讓設計的成立能與環境做對話。

設計運用	由於耐候鋼屬於低碳的合金鋼，富含很強的形體塑造能力，因此能依據環境、建築形式等，塑造出具豐富性、變化性的形狀，也因為鋼材本質相對穩定，造型被形塑後能維持較好的整體性。再者其也能夠透過彎折、焊接、切割等方式，創造出美麗且多樣的語彙，增添建築、藝術的美觀性。
施工方式	1.為避免焊接點出現腐蝕的情況，在預算允許的情況下，建議可採取以拗折方式製造出溝縫，再搭配螺絲加以固定，以減少焊接點的腐蝕。 2.由於耐候鋼並非不鏽鋼，倘若耐候鋼的凹處形成積水，會提升該處的腐蝕率，因此在設計上必須做好排水與洩水坡度，避免積水腐蝕的問題產生。
注意事項	1.耐候鋼的表面經過氧化會產生一層保護膜，除非遇到破壞，或是超出該保護膜之能力的鏽蝕需要修繕，不然一般較不會再加以維護。 2.耐候鋼對於空氣中帶有鹽分的環境較為敏感，因為鹽分會破壞表層保護膜，進而使得內部產生進一步的氧化，因此，選用該材料前應先做好環境評估再做使用。

耐候鋼在久置且與空氣產生接觸後，表面會產生變化，最明顯的就是色澤，會從鮮亮的紅褐色逐漸變暗褐色，可以看到時間在表面所留下的痕跡，相當具魅力。

| 適用方式 | 結構構件、立面隔間、裝飾表現
| 計價方式 | 金屬加工會有依照加工形式，如彎折、沖壓、雷射切割等收取加工費或製圖費，另還會收取運送、安裝等費用。
| 計 價 帶 | 材料本身以重量計價（其他項目另計）。

黑鐵
穩重簡練的工業風經典代表

+

**特色
解析**

黑鐵材質屬低碳鋼,其延展性高所以易塑形,常被廣泛運用在各種金屬藝品中,加上本身材質特性堅固,適合作為結構處理,例如窗框、門框等;另外黝黑的金屬色澤深受工業風愛好者喜愛,無論是搭配玻璃或木作,都能巧妙襯托、中和其它異材質的風格,也因為用途廣泛,因此市面上規格品眾多,包含方管、扁管、圓管與鐵板都有各種尺寸,方便設計師從中找出合適的品項。

**挑選
方式**

黑鐵製品包含板類與管材,設計師在挑選時除了考量視覺美感,更須留意結構部分能否安全支撐,例如要用單片黑鐵板作陳列架,普遍厚度建議須達9mm,假如要再增厚則鐵板本身自重過高,並不有益於整體結構安全;另外管材包含方管、扁管與圓管,假使要做造型變化,例如拗折,前兩者彎曲力相較圓管更佳,因此各種黑鐵規格品的選用也須同時評估用途與使用區域,避免造成後續安全疑慮。

攝影＿Amily

「Simple Kaffa Flagship興波咖啡」2樓座位區選用黑鐵扁管製成大面積的格紋玻璃窗，其具有高度耐候、耐撞、耐磨等特性，能有效抵擋風吹日曬，突顯精緻的金屬工藝、呼應品牌手沖咖啡的細膩。

設計 運用	黑鐵可塑性大，市面上有鐵板、方管、扁管與圓管等規格品可供設計師挑選，其中方管與扁管因本身結構強度高，常作為窗框或展示架等用途，黑鐵原色帶有個性，搭配其它異材又能巧妙中和配色，對於想追求工業風的業主無非是種經典材質。

施工 方式	1. 假使要在黑鐵窗框或門框內放置門扣等五金鎖件，必須再三確認預留空間是否充裕，避免客製的鐵件製品與市面的鎖件規格相互不符合。 2. 黑鐵方管或扁管假如要焊接成框，切記焊接時要固定管件的端點或框的四邊，避免一端加熱造成另端受熱而饒動翹曲，造成整體變形。 3. 框架的焊縫為求美觀，建議焊接後再一一刮除焊料，讓焊縫更加乾淨。

注意 事項	1. 黑鐵地表面塗裝主要分成「液體烤漆」、「粉體烤漆」與「氟碳烤漆」三種方式，其中液體烤漆是電腦調色，因此顏色選擇多元；粉體烤漆顏色選擇較單調，但相對它的耐候性與防刮防撞能力都比液體烤漆好；另外氟碳烤漆的耐候性普遍長達10年以上不易變色，具良好的耐磨性，因此費用為三者當中最昂貴。 2. 黑鐵表面出現鏽斑可重新拋磨後，再次進行電鍍處理，但當鏽穿了鐵件則建議重新替換。

不同材質的相互搭配，一展黑鐵的細膩之餘，也各自流露出細節特色。

攝影＿＿Amily

| 適用方式 | 立面隔間、機能運用、裝飾表現
| 計價方式 | 除了材料費，另還會依照加工形式、難易度等
收取加工費、運送費、安裝費……等。
| 計 價 帶 | 材料本身以重量計價（其他項目另計）。

Type02
立面
隔間
+

立面隔間之
金屬材質運用

金屬在運用至立面、隔間時,會特別留意其使用
的範圍,若運用於戶外、公共場所時,會加以考
量其耐候、耐蝕性;室內同樣也會針對相對水
氣、濕氣重的地方選擇適合的金屬,發揮其效益
的同時也兼顧耐用性。

圖片提供__Hii ARCHITECTS 工二建築設計事務所

設計手法 01 隨時間堆疊產生出自然的鏽化與色澤

運用範圍：建築物外觀立面
金屬種類：耐候鋼
設計概念：此住宅位於新北市淡水區山上，紅土是附近一帶外顯的自然景觀，為了能讓設計回應環境，設計者選擇以耐候鋼作為外觀立面材質。由於耐候鋼屬於合金鋼，其在室外曝露幾年之後，會在表面形成一層相對比較緻密的鏽層，它既不會深入內部，反而還會產生出具金屬表面然生鏽的玫駁感，因此希望經過氧化後銳變出另一種樣貌與色澤，同時也能與四周環境相呼應。

施工關鍵TIPS：

1. 考量後續加工與搬運關係，選以2mm厚的耐候鋼材為主。
2. 由於耐候鋼並非不鏽鋼，若凹位中有積水，該處的腐蝕速率將變快，因此特別留意其排水部分，避免出現積水產生腐蝕的情況。
3. 為避免焊接點腐蝕問題，以拗折方式製造出溝槽，好讓鋼板能相互拼接在一起，另也會同步使用螺絲加以固定。

圖片提供＿HII ARCHITECTS 王二建築設計事務所

65

設計手法 02　轉化材質成就出空間與機能

運用範圍：室內裝修立面

金屬種類：熱軋鋼板

設計概念：此空間的機能需很明確，作為儲藏室之外，還需整合電視牆、展示牆、閣樓與梯間等功能，設計者嘗試以單一種材料來做回應，一來因金屬本質較為堅硬，使用較少、較薄的材料，即可創造出所需空間且達到一樣的結構需求；二來鐵件的形式多元，包如鐵板材、鐵管等，透過拗折、焊接、鑲鎖等處理方式，讓空間不只是空間，還能從立面、結構等處再衍生出其他功能，成為更有意義的存在。

施工關鍵TIPS：

1. 選以1～2mm不等的熱軋鋼板作為儲藏間隔間材料，事先規劃好出入口、掛畫展架、電視機櫃等孔洞，預先在板材上做裁切。

2. 再將熱軋鋼板做裁切與拗折，製作出通往閣樓的樓梯板。

3. 接著再陸續以焊接、螺絲等固定方式，把相關機能串聯在一起。

圖片提供__HII ARCHITECTS工二建築設計事務所

設計手法 03　生鐵自帶色澤與紋理變化，展現有機自然調性

運用範圍：廁所外牆立面
金屬種類：生鐵
設計概念：採用大量體的生鐵作為牆面，構成提供顧客使用的廁所，生鐵本身具有多變的色澤紋理變化，故個性十分強烈且鮮明，在以灰階以及木素材為主軸的空間中，立即成為視覺的焦點。一旁的大片落地窗面，引進了充沛日光，當日光灑落在鐵件上所造成的輕微反光，亦有使大面積生鐵的量體輕化的效果，輔以周邊的杉木材質以及混凝土，有效地緩和了金屬材料的冷峻感。

圖片提供__合風蒼飛設計+張育睿建築事務所

施工關鍵TIPS：

1 若要以生鐵板材作為隔間材，最低限度的建議厚度為1.2mm，以免金屬板產生軟塌的現象。

2 生鐵在出廠後每片色澤都不太相同，並沒有所謂的優劣之分，只能單照現有的板材色澤紋理進行挑選，在選材之前可以先設定好想要的紋理表現。

3 若想讓生鐵的紋路更加具有時間感，可以刻意將鐵件置於工廠2～3個月，最後讓鏽紋達到理想狀態，最後塗上透明的防鏽漆，便不用擔心板材繼續鏽蝕下去。

4 金屬與其他材質的收邊可仰賴預留空間縫隙來完成，縫際所產生的陰影能帶出材質接觸面的立體差異，成為一種無形的收邊效果。

設計手法 04 以鐵件烤漆表現簡練線條

運用範圍：玻璃牆邊框

金屬種類：鐵件

設計概念：空間整體以北歐簡約風格為定調，室內坪數不大，因此無論於色彩、材料與線條的表現都盡可能避免過度複雜，以免導致視覺感過於紊亂。為了讓空間的視野能更加具備穿透性，書房採用半開放式設計，以大面玻璃代替實牆隔間，減少了視線的阻斷，也使空間氛圍更加無壓，另一方面，玻璃隔間的邊框採用金屬材料表現，可保持線條的細緻度且同時保有堅固性。

施工關鍵TIPS：

1. 邊角為半腰牆的弧形玻璃，為了與下方木作完美結合，需先完成木作的施工，並預留好嵌入玻璃的溝縫，才能防止弧度失去準確度。

2. 採用鐵件的優勢是能夠在厚度輕薄的情況下保持堅硬度，最低厚度會建議採用3～5mm的鐵件，既可表現俐落的線條，亦可避免軟塌。

3. 在焊接鐵件時，需注意施工後是否有留下焊點，若有，需進行打磨將其磨平。

圖片提供＿知域設計

設計手法 05 弧線金屬線條設計，使小空間也能有亮點

運用範圍：玻璃牆邊框

金屬種類：不鏽鋼

設計概念：為了在有限的空間內提升坪效，設計多功能室是十分聰明且有效的作法，此案利用與餐廳相連的小隔間，將書房以及客房結合在一起，並且一反以實牆區隔空間的作法，反之以大面半腰牆玻璃達到半開放式的效果，使空間由於視覺得以延伸而有擴展的效果。以不鏽鋼金屬作為邊框的材料，加以用黑色烤漆做表面處理，此外以弧形線條為空間添加柔和的元素，不僅極具設計感，也豐富了空間的線條表現。

圖片提供＿知域設計

施工關鍵TIPS：

1. 採用3cm×3cm的定規方管不鏽鋼，為避免因潮濕而生鏽，以噴漆處理加強表面對於水氣的防護。

2. 方管不鏽鋼材本身不能進行彎折處理，因此若想表現圓弧曲線，只能將切割後的零件一一以焊接的方式組接，考量其堅硬度與承重力，在焊接時建議採用滿焊。

3. 在焊接工程結束後，需特別注意轉折處以及銜接處，是否有未經修飾的焊點以及缺口，應於檢查過後再進行烤漆工程。

設計手法 06 粗獷黑鐵板，構築微建築神隱入口

運用範圍：立面入口

金屬種類：鐵

設計概念：「T House」是一座隱身山林的度假小屋，為營造與自然的相融感，林淵源於建築的入口規劃內凹小空間，運用黑鐵板的顏色紋理表現，作為裝飾應用於兩側牆面與天花，並打造具工業藝術性的大門，輔以ㄇ字型微暈間接燈光，讓來訪者從森林小徑循來，能透過外玄關氛圍把世俗喧囂暫放於外，產生心境轉換沉澱的效果。

圖片提供＿林淵源建築師事務所

圖片提供＿林淵源建築師事務所

施工關鍵TIPS：

1. 量身訂作的大門採用3mm黑鐵板，具可塑之薄度又不失應有的剛性。

2. 不規則裁切黑鐵板，接著再以鉚釘焊接，接合成大門門板。

3. 兩塊門板中間以骨料架構，兩側再進行封板。

4. 無特殊防鏽處理，只在表面塗布一層消光之防護漆，使整體外玄關能隨自然展現歲月痕跡。

設計手法 07　黑鐵玻璃窗讓空間更顯個性

運用範圍：玻璃窗框

金屬種類：黑鐵

設計概念：「Simple Kaffa Flagship 興波咖啡」整體空間採新舊元素融合，設計師盡可能展現材質原有特性，保留簡單俐落的視覺效果。其中II Design硬是設計設計師吳透以25mm×50mm的黑鐵扁管製成大面積的格紋玻璃窗，另外鐵管外層以「粉體烤漆」進行塗裝，其高度耐候、耐撞、耐磨等特性，能有效抵擋風吹日曬，突顯精緻的金屬工藝、呼應品牌手沖咖啡的細膩。

施工關鍵TIPS：

1. 選用長寬50mm×25mm，厚度1mm的黑鐵扁管相互進行焊接，要留意焊接同時要固定窗框，避免高溫火力造成鐵管饒動翹曲。

2. 焊縫要美觀，得憑藉經驗豐富的師傅慢慢磨除。

3. 因鐵窗面臨風吹日曬，為降低日後的維護成本，故選用耐候性佳的粉體烤漆進行表面塗裝。

4. 鐵框間的縫隙處會再補上防水橡膠條及鐵板，阻擋雨水從縫隙流進室內。

攝影__Amily

設計手法 08 紅色烤漆定妝讓公廁更具質感

運用範圍：廁所門片

金屬種類：不鏽鋼

設計概念：「新竹州廳」是著名的歷史古蹟，在重新修復公廁時，設計者期望將建築原有的語彙，如色澤、紋理、材料等植入，讓再造能更具時代意義。以不鏽鋼作為門片材質，輔以彎折方式成就出直豎線條，讓整體更為簡潔利落。配色也選以新竹州廳外牆的紅磚為主色系，與歷史建築相呼應，也帶出公廁的設計感。特別的是，考量公廁須頻繁潔，且也會搭配一些清潔劑做清潔，設計者以氟碳烤漆來做顏色的定妝，因氟碳烤漆耐候性、表面硬度較高，不容易受水氣與洗劑影響，也利於後續的清潔維護。

施工關鍵TIPS：

1. 預先將不鏽鋼門片裁切好，相關五金鎖孔也預先設定裁切好。
2. 同步替不鏽鋼表面進行除油、除鏽動作後，再進行人工氟碳烤漆作業。
3. 待表面漆料完全乾燥後，再將門片鎖上。

圖片提供__HII ARCHITECTS 工□□□□□□築事務所

設計手法 09 結合不同作法帶出黑鐵的細膩度

運用範圍：立面設計

金屬種類：黑鐵

設計概念：「一日餐桌Simple Table」隸屬於伊日美學生活集團的旗下品牌，其民生店定調為一間烘培坊，設計者延續該集團長期投入藝術的精神，將此空間設定為一間富含藝術個性的麵包店，選以質感強烈、色澤深邃的金屬材料來表述空間。設計者為了帶出黑鐵材質的趣味度與細膩度，不只在鐵件中嵌入玻璃，同時也一改過去常見的電焊方式，以氬焊來做焊接處理，施作穩定外，再者本身的焊點也小，不易影響美觀性。

施工關鍵TIPS：

1. 由於門片還必須統合門窗、傘架等功能，事先預留好位置也做好嵌入玻璃的開孔與溝縫。

2. 在鐵件的銜接組合上，使用製作精緻度較高的氬焊氣體作為焊接。

3. 將玻璃嵌入到鐵件中，兩者間隙以矽利康黏著，固定的同時也形成一種緩衝。

圖片提供＿HII ARCHITECTS工二建築設計事務所

圖片提供＿HII ARCHITECTS 工二建築設計事務所

設計手法 10 鋼材鍍鋅價格親民可塑性強

運用範圍：拉門門框

金屬種類：鋼材鍍鋅

設計概念：屋主希望此空間能作為小孩遊戲房與客房兩用，拉門成為遊戲房與客廳的活動隔間，並能引進室外光源。兩冊空間設計設計總監翁梓富在拉門的材質上選用鋼材鍍鋅，可承受大片玻璃的重量，鋼材鍍鋅不會生鏽可用機器彎折塑型，若有焊接則需注意焊接點的防鏽，是鋼材中可節省預算的做法。

圖片提供＿兩冊空間設計

施工關鍵TIPS：

1. 鋼材鍍鋅可利用機器折出需要的形狀大小。
2. 建議可選擇現成尺寸的鋼材，以降低成本。
3. 若未另行烤漆，焊接點需注意防鏽。

設計手法 11　黑鐵玻璃隔間 穿透美麗山景

運用範圍：玻璃隔間門框

金屬種類：黑鐵

設計概念：屋主希望室內能保持通透感，讓窗外的美麗山景在屋內的每個角落都能一覽無遺，懷特室內設計設計總監林志隆在臥室的隔間上選用了黑鐵加玻璃的材質，讓山景不受遮擋盡納眼底，黑鐵呈現出窗景的簡潔線條，打造一室黑色基調個性，還能幫客戶節省預算。

施工關鍵TIPS：

1. 裝設玻璃的溝槽需裝設單面擋板好固定玻璃。
2. 注意矽利康的收邊要平整才會美觀。

圖片提供＿懷特室內設計

圖片提供＿懷特室內設計

設計手法 12 | 以鐵塑形，半穿透圓弧隔間

運用範圍：臥房與梳妝區隔間
金屬種類：鐵件
設計概念：主臥房與梳妝區之間以半穿透隔間規劃，並賦予隔間機能性，整合梳妝檯與鏡面設計，中間特意鏤空圓形造型，讓兩空間維持通透視野，同時也藉由圓形開口融入東方園林元素，搭配木質基調，營造溫暖靜謐的新東方美學。

圖片提供__FUGE GROUP 馥閣設計集團

施工關鍵TIPS：

1.先以鐵件塑形出圓形框架，框架之間預埋燈管。
2.圓弧框架與木作梳妝檯以預埋鎖件做接合，確保結構穩定性。

設計手法 13　經文符號化做鐵件拉門，特殊光影帶出神祕氛圍

運用範圍：立面隔間

金屬種類：鐵件烤漆

設計概念：考量屋主虔誠的宗教信仰，特別於書房區域融入喜好，將藏傳佛教中的經文重新設計轉化，巧妙形成門片造型的一部分，當光影漫射其中可以倒映出別致的圖騰效果，而這樣的光影氛圍也回應宗教予人的神祕感。

圖片提供＿FUGE GROUP 馥閣設計集團

施工關鍵TIPS：

1. 由於圖形線條繁瑣，必須考量CNC加工後線條是否容易斷裂的情況。
2. 鐵件拉門搭配懸吊式五金，保有地坪的平整與簡潔俐落。

設計手法 14 旋轉開合一室春光

運用範圍：玻璃門邊框

金屬種類：黑鐵

設計概念：黑鐵有可塑性高容易造型、裝飾性強、變化性多且價格平易近人等優點，成為室內設計上常見使用的材質。黑鐵加上玻璃穿透性高也成為常見的隔間組合。設計者運用了旋轉門概念，把黑鐵噴漆後加上線條與半透明的大片玻璃變成隔間門，每一扇門的開合成就另一種風景。

施工關鍵TIPS：

1. 旋轉門與木頭地板及泥作天花板這些不同材質的接合需注意。

2. 上方與下方的雷射基準線要仔細測量，以免之後使用因水平不對出現卡住的情況。

3. 建議鉸鍊等五金要選用較好的材質比較耐用。

圖片提供__懷特室內設計

設計手法 15　開放式構架設計，隔間牆變輕盈

運用範圍：構架與床頭板設計

金屬種類：黑鐵

設計概念：主臥規劃成完全通透的空間，破除一般制式常見的隔間實牆，產生自由的平面移動。運用黑鐵材料打造開放式的構架設計，結合床頭板，一方面讓全區視線因此而穿透，屋主上、下床的動線也得以有多種選擇，另外延伸機能性，整合床頭燈、開關插座以及線路，打造出整體俐落的空間意象。

施工關鍵TIPS：

1. 構架形體運用1mm黑鐵材料折出約1cm的厚度與集中的弧形造型，達到量體的輕量化。
2. 拗折後的結構內部會產生孔洞，利用孔洞整合開關插座所需的線路。
3. 構架柱體的固定板是先埋在鋼筋混凝土的樓板中，再額外補填，所以就像只有薄片弧形的柱體頂著，但實際已經埋到樓板深約2～3cm的地方，固定完後再用水泥抹平。

圖片提供__W&Li Design十穎設計

圖片提供__W&Li Design十穎設計

設計手法 16 鐵管烤漆營造現代風

運用範圍：立面線條設計

金屬種類：方鐵烤漆

設計概念：為符合現代感的整體設計風格，構設計設計師楊子瑩選用現成尺寸的鐵管來施做外露結構，不佔據空間且能承重亦可為顧客節省費用，並與樓梯扶手達成一致風格。樓板則是選用C型鋼做主要結構支撐，相較木工製作，C型鋼具有耐重、施工方便與節省成本之優點。

施工關鍵TIPS：

1 鐵件方管在現場焊接並進行烤漆。

2 與地坪固定處必須先預留鐵件固著焊接點以固定鐵件。

3 需要注意螺絲孔洞的收邊處理。

圖片提供＿構設計

設計手法 17　細緻鐵件大窗，引入更多美景

運用範圍：玻璃牆邊框

金屬種類：生鐵

設計概念：這是一間由酒廠改建的餐廳，保留原始的水泥建築質感，融入工業風格，拆除老舊大窗，重新設置黑鐵落地窗，偌大的窗景巧妙引進自然綠意，室內與戶外的界線消融，無形擴大餐廳空間。具有延展性的鐵件能採用更細緻輕盈的線條，比起一般鋁窗的粗厚感，僅有2.5cm的窗框能引入更大面積的窗景，冷硬的黑色鐵件也正巧能與工業風空間相呼應。

施工關鍵TIPS：

1. 採用2.5cm寬的訂製鐵件管料做好窗框後，嵌入水泥牆。
2. 鐵件窗框與水泥牆之間打上螺絲，再點焊固定。
3. 窗框表面塗上透明保護漆，進行防鏽處理。

圖片提供＿謐空間MII Design

設計手法 18 綠植網架，圍塑一隅花園

運用範圍：植物網架
金屬種類：生鐵
設計概念：由於座位區後方恰好正對衛生間，運用鐵件網架作為隔間，巧妙劃分領域，避開尷尬視線，同時通透的鐵網搭配綠意植栽，保有若隱若現的穿透視覺，空間不顯狹隘。搭配色彩豔麗的花卉壁紙、橘色絨布沙發，宛若座落在奢華舒適的花園中，成為令人驚豔的打卡焦點。

圖片提供＿謐空間Mll Design

施工關鍵TIPS：
1. 先在木作矮牆上打入螺絲後，固定鐵件框架。
2. 採用10cm×10cm的鐵網，點焊固定在框架上。

設計手法 19 鮮黃鐵件貫穿，穩固長桌結構

運用範圍：立面線條設計

金屬種類：鐵件

設計概念：在屋高4米6空間設置夾層擴增主臥空間，再加上屋主有辦公需求，因此順應夾層設置長形木桌，既能當作辦公區域，也能作為隔欄使用，兼具安全防護機能。而為了有效固定長桌，利用圓管鐵件作為結構支撐，鐵件刻意採用黃色烤漆，明亮鮮豔的立面線條在淨白空間畫龍點睛，成為最亮眼的視覺焦點。

施工關鍵TIPS：

1. 鐵管進行烤漆後，送至現場組裝，套入木桌。
2. 先於天花與地面埋入小孔徑的圓管，黃色鐵管再利用套管方式套入小圓管固定，即能呈現宛如嵌入天地的密合設計。

圖片提供＿蟲點子創意設計

圖片提供＿蟲點子創意設計

圖片提供＿蟲點子創意設計

Type03
機能運用

PART 01

機能運用之
金屬材質選擇

作為機能運用的金屬材質，面對經常性的使用需求，其不僅要具耐用性，還需要兼顧抗腐蝕性，像是不鏽鋼就是一項好選擇；再者運用於機能上，金屬材質本身的可塑性也要很強，像生鐵就是一例，可創造出兼具美觀與機能的設計。

圖片提供__合風蒼飛設計+張育睿建築事務所

機能運用之金屬材比較

種類	不鏽鋼	生鐵
特色	不鏽鋼的耐用、抗腐蝕特性能更廣泛的運用相當廣泛，加上質量輕盈卻又堅固，因此用來承載重物時，不須太厚即可有效支撐。	生鐵質硬而脆，卻不失其可塑性，按其用途可分為煉鋼生鐵和鑄造生鐵兩大類，運用層面非常廣。
挑選	在挑選不鏽鋼金屬材料時，除了在乎比例美觀，還必須考量使用安全性。	生鐵又分為灰口生鐵與白口生鐵，前者含碳量較高，後者含碳量與含矽量均較低。
運用	易於保養、清洗的不鏽鋼，從櫃體到裝飾，只要設計想呈現「輕盈、俐落」感，是很好的選擇。	它具有優良的鑄造、切削加工和耐磨性能，因有一定的彈性，十分適合作為零件與設計鑄件使用，如鐵管、造型片等。
施工	不鏽鋼板材進行雷射切割時，須留意放樣點是否正確，確保完工後圖形完整性。	與一般鐵件施作方式差不多，鐵件之間主要以焊接方式銜接，在緊貼壁面或地板時則會以五金螺絲鎖住做固定。
計價	材料本身以重量計價（其他項目另計）。	材料本身以重量計價（其他項目另計）。

不鏽鋼
輕盈質感特色，百搭各種塗裝手法

＋

特色 解析	不鏽鋼（俗稱白鐵）具有高度抗蝕性強且不易氧化的優勢，關鍵在於施作過程中於鋼的表層添加鉻元素（Cr），使其外層形成透明的氧化鉻抑制氧化的產生，因此相較其他金屬，不鏽鋼的耐用、抗腐蝕特性能更廣泛的運用相當廣泛，加上質量輕盈卻又堅固，因此用來承載重物時，不須太厚即可有效支撐。
挑選 方式	就外觀分類，可分為「板材」及「管材」兩大類，前者包含熱軋鋼板及冷軋鋼板；後者包含鋼管、型鋼、直棒、鋼線、磨光棒等。在挑選金屬時，設計師除了在乎比例美觀，還須考量使用安全性，例如作為承板，則建議厚度至少要達5mm並做邊緣導角，以防人碰撞受傷。
設計 運用	不鏽鋼顯而易見的優點就是易於保養、清洗，因此多用在會碰水的區域，從櫃體到裝飾，只要設計想呈現「輕盈、俐落」感，不鏽鋼板是很好的選擇。另外，市面上有多不鏽鋼規格品，因此設計師的選擇多受預算影響，假使採用規格品成本會較低，但相對造型變化受限，但如果以美觀為優先，建議設計師可以選用板材進行彎折成圓管，這樣能做出更多變化；另外常見的表現處理方式有「亮面」、「亂紋面」與「毛絲面」三種方式。

Peny Hsieh Interiors源原設計以不鏽鋼板作為旋轉樓梯基底，藉由其可塑性高的特質展現大幅度的曲線感。

圖片提供＿Peny Hsieh Interiors 源原設計

Peny Hsieh Interiors 源原設計設計總監謝和希採用長寬2cm×2cm的不鏽鋼方管扣合於石牆兩側，當中在方管表面鍍上香檳金色澤，讓石材與金屬形成些許視覺反差。

<table>
<tr>
<td>施工
方式</td>
<td>
1.不鏽鋼板材進行雷射切割時，須留意放樣點是否正確，確保完工後的圖形完整度。
2.當不鏽鋼與其它異材進行水平銜接時，建議先定位不易調整的配置物（例如水槽等大型物件），確保後續無法順利銜接或位置跑掉時，還可現場切割調整。
3.當採用不鏽鋼包覆木材時，除了使用黏著劑，建議在額外善用暗槽、卡扣、鎖釘等其餘方式，提高兩者的緊密性。
</td>
</tr>
<tr>
<td>注意
事項</td>
<td>
1.不鏽鋼鮮少再做後續保養，這是它的優點之一。
</td>
</tr>
</table>

| 適用方式 | 機能運用、裝飾表現
| 計價方式 | 除了材料費，另還會依照加工形式、難易度等收取加工費、運送費、安裝費……等。
| 計 價 帶 | 材料本身以重量計價（其他項目另計）。

生鐵

色澤紋理多變，個性鮮明的金屬材

+

特色 解析	所謂生鐵是含碳量在2wt%以上，其中含摻雜著少許硫，磷，錳，矽等非鐵金屬元素的鐵碳合金，生鐵受這些元素的影響質硬而脆，卻不失其可塑性，按其用途可分為煉鋼生鐵和鑄造生鐵兩大類，由於本身堅硬、耐磨、鑄造性好，同時可塑性也很高，因此也適合做鍛壓處理，可運用的層面非常廣。生鐵出廠時，便已帶有獨特的色澤紋理，即使不做表面處理也能成為空間亮點。
挑選 方式	生鐵又分為「灰口生鐵」與「白口生鐵」。灰口生鐵又稱鑄造生鐵，含碳量較高，達到2.7～4.0wt%，碳主要以石墨狀態存在，斷口呈灰色，凝固時收縮量小、硬度高、抗壓強度高，是目前應用最廣泛的鑄鐵。白口生鐵又稱煉鋼生鐵，含碳量與含矽量均較低，碳主要以滲碳體狀態存在，斷口呈白色，凝固時收縮量大、脆性大。生鐵在出廠後，每一片的色澤都不太一樣，並沒有所謂的優劣之分，只能單照現有的板材色澤紋理進行挑選，在選材之前可以先設定好想要的紋理表現。

它具有優良的鑄造、切削加工和耐磨性能,因有一定的彈性,十分適合作為零件與設計鑄件使用,如鐵管、造型片等。此外,愈來愈多設計師喜愛以生鐵本色呈現,藉此讓空間含有自然生機與原始感。如果想讓生鐵的紋路與色澤更加具有時間感,也可以刻意將鐵件置於工廠2～3個月,當鏽紋達到一個理想的狀態,再將鐵鏽適度的抹除,並塗上透明的防鏽漆,便能保有具有仿舊感的鐵件,也不用擔心其繼續鏽蝕下去。

圖片提供＿合風蒼飛設計+張育睿建築事務所

貫穿室內的旋梯,同樣以生鐵作為材料,其可塑性強,利於彎折與切割,表面以灰色烤漆處理,呼應空間整體的水泥色調。

圖片提供＿合風蒼飛設計+張育睿建築事務所

貫穿室內的旋梯，同樣以生鐵作為材料，其可塑性強，利於彎折與切
割，表面以灰色烤漆處理，呼應空間整體的水泥色調。

圖片提供＿合風蒼飛設計+張育睿建築事務所

灰色的旋梯、混凝土牆、灰調磚牆雖各
為不同的材質，卻以灰階的色調相互整
合與搭配，讓材料本身的質地滿足視覺
的豐富性。

施工 方式	1. 與一般鐵件施作方式差不多，將需要的生鐵裁切好、塑形好後，鐵片與鐵件之間主要用焊接方式銜接，在緊貼壁面或地板時則還會再以五金螺絲鎖住做固定。 2. 鐵件在切割完後，切記要進行導角處理，避免剖面過於鋒利。 3. 值得注意的是，可以預先規劃好焊接處，將焊點配置在較不易看見的地方，能讓呈現出來的金屬設計更美觀。 4. 若鐵件是用以作為結構材，焊接的方式必須以滿焊完成，如此才能確保其承重力。
注意 事項	1. 鐵遇水、遇濕氣本就容易生鏽，不建議設置在濕氣較重的環境中，以免受潮生鏽。 2. 鐵件的烤漆最好是能在工廠完成，如果要在現場施作的話，就要打造一個無塵的空間，不然烤漆就很容易失敗。

適用方式	機能運用、立面裝飾
計價方式	除了材料費，另還會依照加工形式、難易度等 收取加工費、運送費、安裝費……等。
計 價 帶	材料本身以重量計價（其他項目另計）。

Type03
機能
運用

PART 02

機能運用之
金屬材質運用

材料在機能運用的思考上，不只形隨機能走，材質的發揮亦是。無論是作為樓梯、層板、櫃體、門框，甚至是檯面……等，都要依據機能來選擇適合的材質，並依據人體工學配置出最適合的尺寸、角度，不只美觀、使用上才會合宜順手。

圖片提供__蟲點子創意設計

設計手法 01　大紅之間的一抹冷冽味道

運用範圍：水槽、檯面
金屬種類：不鏽鋼
設計概念：相較於其他金屬材質，不鏽鋼本身不易受水分影響而產生腐蝕情況，再者也很好清潔與維護，很適合作為水槽與檯面的材質。因此設計者在「新竹州廳」裡以304不鏽鋼為主，延續最初的設計理念，取自該古蹟元素，以拗折、彎折等方式，整合水槽、梳妝檯面、不鏽鋼龍頭等機能。設計者刻意選擇髮絲紋樣式，且表面不再刻意做其他處理，為的就是要讓光線、牆面色澤能映襯到金屬材質上，藉由質地的相互交織，再產生出不同的細節與味道。

施工關鍵TIPS：

1. 將304不鏽鋼板材以拗折、彎折方式，形塑出洗手槽、洩水坡度、排水孔等。
2. 預先規劃好水龍頭的位置，再依據該位置裁切出孔洞以利後續安裝。
3. 最終分別將水龍頭與洗手槽以螺絲鎖上加以固定。

圖片提供＿HII ARCHITECTS 工二建築設計事務所

設計手法 02 鐵件工藝讓空間更顯極簡大氣

運用範圍：展示架、懸掛樓梯
金屬種類：鐵件
設計概念：「舊振南」為台灣知名漢餅品牌，因此業主對實體店鋪的想法是維持其簡約大氣的品牌風格，於是，吳透善用金屬工藝，製作出兩件不同風格的鐵件作品，包含陳列商品的黑鐵展示架，以及純白的金屬懸掛樓梯。前者運用長寬19mm×19mm的黑鐵方管結合黑玻璃，讓細膩的框架與濃墨的配色，巧妙突顯金紅喜氣的品牌色；金屬樓梯則將厚度約9mm的實心鐵片採用「扴插」方式施作，透過材質的堅固性維持整體結構穩定。

圖片提供＿ll Design硬是設計

施工關鍵TIPS：

1. 黑鐵陳列架以滿焊焊接而成，確保整體穩固性。
2. 採用粉體烤漆，其耐磨、耐刮特性，使用上無須擔心表層漆面脫落。
3. 金屬樓梯的鐵板與木頭踏面之間，特別鋪設一層橡膠墊，作為踩踏時的一種緩衝。

圖片提供＿ll Design硬是設計

設計手法 03　讓材料更貼近預算與使用需求

運用範圍：展示架、櫃體

金屬種類：鍍鋅鐵板

設計概念：作為餐飲空間的「GOOD NEIGHBORS'」，也在環境一隅規劃了展示區域，設計者以鍍鋅鐵板結合木作設計出展示層架、櫃體的形式，來展銷店內所販售的商品。鐵件表面另做了其他處理，先將鍍鋅鐵板送去工廠做白色的粉體塗裝烤漆，之後再移至現場請鐵工師傅進行安裝。鐵板經過鍍鋅後，能免去鐵產生生鏽所需的化學反應，就算此處必須經清潔擦拭，也不會對材質本身產生很劇烈的影響，是一種合乎預算且符合使用性能的材料與表面處理。

圖片提供＿HII ARCHITECTS 工二建築設計事務所

施工關鍵TIPS：

1. 分別將2～3mm不同厚的鍍鋅鐵板彎折出層架、櫃體的層板結構；同時也預先裁切好固定於牆上層架的孔洞。
2. 再將鍍鋅鐵板送至工廠進行粉體塗裝烤漆，而後才移至現場安裝。
3. 最後再將木層板安裝上去，活動形式利於日後可依銷售物品大小進行展示架的調整。

圖片提供__HII ARCHITECTS 工二建築設計事務所

設計手法 04　擴張網展示架秀出生活品味，打造運動街頭風

運用範圍：展示架

金屬種類：金屬擴張網

設計概念：熱愛各種運動的屋主，尤其熱衷籃球，喜歡蒐藏特殊鞋款與球卡，期盼居家空間能融入這些收藏，設計師遂而利用玄關入口左側的牆面，先以水泥粉光加上油漆塗料畫出籃球線，表現街頭運動風效果，再從符合空間調性語彙的材料去做篩選，最終以金屬擴張網為展示架，不鏽鋼本色既可融合灰色基調空間，與背後水泥粉光牆也形成進出面的層次關係，亦可跳脫出鞋款的獨特性。

施工關鍵TIPS：

1. 牆面水泥粉光時一併固定L型鐵件，金屬擴張網再焊接於鐵件上。

2. 金屬擴張網於工程末端再進行焊接，避免施工當中不小心碰撞破壞表面。

3. 訂製鐵片直接扣於擴張網上，鐵片尺寸小於鞋碼，讓鞋子看似輕盈地騰空在展示架上。

圖片提供＿湜湜空間設計

圖片提供＿湜湜空間設計

設計手法 05　簡潔承板讓展列更有彈性

運用範圍：展示架

金屬種類：黑鐵

設計概念：為維持樹皮背景牆的完整性與主題，設計師選用黑鐵板維持承載力，再以粉體烤漆進行表面塗裝，且此處展列架位於行徑動線上，因此選用厚度9mm的板材原因在於，一來能維持承載力，再者視覺上有分量，不會顯得太銳利而感到危險，鐵點邊緣有導角處理，預防消費者碰觸到割傷。

施工關鍵TIPS：

1. 以厚度9mm的鐵板進行凹折，形成一個L型，其中短邊與長邊比例至少約1：3，這樣當短邊固定於牆面時會更加穩固，另外，鐵板的厚度不是愈厚愈好，還要考慮它本身自重。

2. 再多長邊容易因自重力而下垂，短邊跟牆面的固定方法除了鎖件，還可在交界面塗上黏著劑，讓結構的穩定性更高。

3. 邊緣要進行導角拋磨，避免造成危險。

攝影＿＿Amily

設計手法 06　輕薄鋁板櫃體結合彈性卡扣設計

運用範圍：展示櫃

金屬種類：鋁

設計概念：「陳列」與「收納」的需求規劃時常佔據不少空間坪效，對此，設計師運用卡扣概念思考吊櫃設計，將厚度3mm的鋁板櫃體模矩化，統一出寬度一致但高度、深度不一的5種單元櫃體，讓屋主無論是擺設中大型藝品、雜誌或小型書刊都不浪費空間，此種卡扣設計優點在於方便取下，又不傷害壁面。

施工關鍵TIPS：

1. 選用厚度3mm的實心鋁板，鋁相較其他金屬材質重量更輕薄，承載力卻不低，建議設計師在選用金屬作為吊櫃建材時，要考量材質本身自重力，避免額外增加結構壓力。

2. 牆面與吊櫃一凸一凹的卡扣細節，要精準掌握每個孔洞的雷射切割位置，因為一旦切割位置失誤就無法順利掛上。

3. 本案採用氟碳烤漆進行塗裝，其耐磨、耐刮特性讓屋主無須擔心表層白漆脫落。

圖片提供＿II Design 硬是設計

圖片提供＿
II Design 硬是設計

設計手法 07　斷面表現，看見不鏽鋼的另類美感

運用範圍：檯面設計

金屬種類：不鏽鋼

設計概念：考量「GOOD NEIGHBORS'」為一間餐飲空間，在檯面材質的挑選上，以適合食用工作的304不鏽鋼材為主。過去檯面的呈現多會以不到1mm的不鏽鋼薄板進行包覆，這回希望能帶出檯面整合砧板的意象，設計者特別將4.5mm厚的不鏽鋼板直接面貼於檯面上，不僅能直接在上面做麵包、料理，再者透過斷面的表現，也能看見材質的另類美感。

圖片提供＿HII ARCHITECTS 工二建築設計事務所

施工關鍵TIPS：

1. 依據吧檯、中島等檯面大小，將4.5mm厚的不鏽鋼板裁出所需的尺寸。
2. 由於是要將不鏽鋼板貼覆在其他異材質上，須得意底部的平整度，接著再以AB膠、矽立康進行貼合。
3. 因主要是要表現其斷面設計，在黏貼時除了留意對齊，另也要留意別讓膠滲透出來，以影響美觀性。

圖片提供__HII ARCHITECTS 工二建築設計事務所

設計手法 08　善用雷射切割，讓單純板材更顯個性

運用範圍：檯面設計

金屬種類：不鏽鋼

設計概念：設計師特意在烘豆坊空間中央設置三角吧檯，利用吧檯的三邊斜面一次解決顧客點餐、手沖，出杯等程序，重要是讓咖啡師只須站在固定位置便可掌握整體作業流程。三邊檯面分別採用不同材質滿足業主所需，其中咖啡師手沖區為不鏽鋼檯面，設計師看中此種金屬易於保養、清潔的特性，能有效減少手沖時的麻煩，加上不鏽鋼易於雷射切割各種造型，能同時兼具美學呈現。

圖片提供＿新澄設計

圖片提供＿新澄設計

施工關鍵TIPS：

1. 此處不鏽鋼材質用於濾水網檯面與水槽，為了確保使用時的安全強度，前者選用厚度3mm的板材、後者則是厚度5mm。

2. 為了讓濾水網檯面的視覺效果更突出，設計師將其進行凹折塑形，呈現出更有分量的立體感。

3. 濾水網檯面的三角孔洞並非一般沖孔，而是特別採用雷射切割，讓三角形的斜率、位置更富有變化。要注意的是，相較一般沖孔，雷射切割更在乎圖形的獨特性，因此單價是依照圖案的複雜度、疏密度去做計價，建議設計師要事先詢價。

設計手法 09　玫瑰金鍍鈦讓視覺柔中帶剛

運用範圍：吊衣桿、把手

金屬種類：不鏽鋼

設計概念：本案屋主喜歡玫瑰金色澤，於是Peny Hsieh Interiors 源原設計設計總監謝和希在整體深灰木質調中加入些許金屬元素，例如吊衣桿與抽屜把手是以不鏽鋼為底材，隨後在表層鍍上玫瑰金，另外不只要留意配色，金屬材質的尺寸規格也是關鍵，設計師須觀看金屬細節的比例與整體空間是否平衡，才能透過金屬材質添增空間亮點與細節。

圖片提供__Peny Hsieh Interiors源原設計

施工關鍵TIPS：

1. 吊衣桿採用長寬1.3mm×1.3mm的不鏽鋼方管滿焊成型，輕盈的質感更利於施作固定。

2. 焊接完成後再進行表層鍍鈦，而鍍鈦是最後一道塗裝作業，因此所有金屬製品假使要做造型焊接，皆須在此流程前完成。

3. 抽屜把手則是用不鏽鋼板凹折出厚度，一來增添視覺分量；再者刻意做出兩種把手尺寸（左側厚度為2cm、右側為1cm），讓畫面更顯活潑。

設計手法 10 拉大開口，重新置入符合人體工學金屬梯

運用範圍：樓梯設計

金屬種類：鐵製龍骨梯

設計概念：兩層樓的老屋翻新案例，過往樓梯為木構材質，踩踏起來不夠穩固之外，過於陡峭的直梯角度與狹窄的樓板開口，難以行走也令人感到壓迫。將樓梯拆除後、稍微拉大樓板的開口尺度，重新規劃鋼鐵材質的龍骨梯結構，不論是角度設計、踏階高度都更符合人體工學，走起來更舒適許多。

施工關鍵TIPS：

1. 工廠備料先訂製龍骨梯結構，再於現場裝設。
2. 確認銲接點之間是否有確實滿焊，避免結構處裂開。
3. 龍骨本身與樓板和樓板間的結合點要確實鎖合固定，避免產生晃動與鬆脫的情形。

圖片提供__湜湜空間設計

圖片提供＿湜湜空間設計

設計手法 11 大面積不鏽鋼板營造磅礴流瀑氣勢

運用範圍：樓梯設計

金屬種類：不鏽鋼

設計概念：為將瀑布概念具象化，謝和希以不鏽鋼板作為旋轉樓梯基底，其可塑性高的特質能呈現大幅度的曲線感，加上採用手工拋磨，讓表層佈滿拉絲紋理，經光線照射後出現水面反光效果；另外踏階部分則採用大干木木材，其木紋顏色反差大，獨特又狂野，一階階排列起來彷彿涓涓水流由高往低處匯流的律動，同時巧妙串聯上下樓層關係。

施工關鍵TIPS：

1. 將2層樓高的不鏽鋼板表現進行拉絲處理，透過方向一致的紋理臨摹大片流水型態，且在光線的照射下讓表面光澤感更明顯。

2. 當要與其他材料結合，可用不鏽鋼作為表板包覆異材之間的結構，例如五金鎖扣等，讓整體外觀更乾淨。

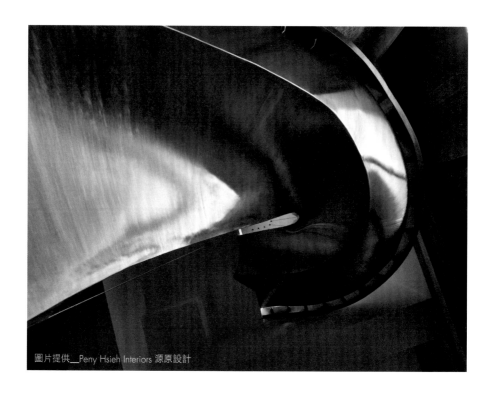

圖片提供__Peny Hsieh Interiors 源原設計

圖片提供＿Peny Hsieh Interiors 源原設計

設計手法 12 鐵件輕巧為空間加味

運用範圍：樓梯扶手

金屬種類：鐵件烤漆

設計概念：此空間為挑高設計，為了讓上下層有延伸與接續感，設計師利用鐵件的輕巧性，打開空間穿透性並兼具安全防護功能。鐵件線條搭配了底下櫃子的分割線，兼顧收納實用性與裝飾表現，並做出樓梯整體感，延伸至2樓扶手的線條讓空間有一致性，不致視覺混亂。

圖片提供＿構設計

施工關鍵TIPS：

1. 利用3cm×1cm的鐵件方管現場焊接施作。
2. 與地坪固定處須先預留鐵件固著焊接點以固定鐵件扶手。
3. 油漆於現場烤漆施做。

設計手法 13　局部打磨，創造以銅為鏡的巧思

運用範圍：鏡面設計

金屬種類：紅銅

設計概念：位在大陸北京的「水相事務所」是一間SPA商業空間，設計者希望無論接受中醫診療或執行SPA養護，都希望在科技醫理環繞的場域富含使人情感馳放的溫柔，溫柔來自於時空抽離的緩慢感、來自於精緻、來自於藝術的回味無窮，因而有了「凝結的時光展」作為設計思維起點。也因此，洗手檯仿效古人以銅為鏡的靈感來源，局部打磨成光潔鏡面，不期然地瞥見倒影，成為駐足玩味的裝置藝術，並將牆面視為一個整體，於是皆使用銅為材質，左側則以亂數沖孔板打造，目的是希望當光源投射時能模擬自然光影效果。

圖片提供_水相設計

施工關鍵TIPS：

1. 以棉布沾取銅油的方式不斷擦拭出一亮面作為鏡面，但銅的本質是很容易氧化的，因此在後續保養上仍需定期以銅油維護。

2. 檯面轉折至隔屏的上下以預埋鐵件的方式鎖在木作上，交界處則是以脫縫方式收邊。

3. 紅銅檯面與下方壓克力展示櫃，以脫縫收邊的方式處理。

設計手法 14 鐵扁管塑造線空間條感

運用範圍：樓梯設計

金屬種類：鐵管扁管

設計概念：此樓梯案例具有上下通道與裝飾兩種功能，兩冊空間設計設計總監翁梓富選用鐵管扁管加上烤漆，成為此處的設計亮點。鐵管扁管製樓梯承重能達200公斤，搭載成人體重安全無虞，安全性較佳且可塑性高，相較木製樓梯更為輕巧之外，木製樓梯使用時間一長也容易產生斷裂風險。

圖片提供__兩冊空間設計

施工關鍵TIPS：

1. 現場焊接時，要注意焊接點的收尾隱藏。

2. 為了不破壞美觀性，最後才進行現場烤漆。

設計手法 15　鋼板有厚薄，線條大不同

運用範圍：展示架

金屬種類：鋼板

設計概念：屋主蒐藏品皆為化石這類重量較重的特殊物品，兩冊空間設計團隊考慮重量的耐受程度，選用0.6cm的鋼板作為搭載主體。鋼板除了可承重，不同厚度也會呈現出不同的線條效果，在一些現代風的設計中選用鋼板作為書架材質，就是利用這個特性來形塑線條之美。

圖片提供＿兩冊空間設計

施工關鍵TIPS：

1. 用雷射切割將鋼板切割出所需要的大小。
2. 可視需耐重的程度，選用膠水或焊接接合。
3. 最後在現場施做烤漆。

設計手法 16 收納電視立牆，還一室清爽

運用範圍：電視立牆

金屬種類：黑鐵

設計概念：此處除了常見能滿足觀看電視時轉換方向的需求，必要時還可將電視立牆藏入牆內，還給客廳與餐廳一個完整空間。林志隆選用黑鐵加上白色噴漆搭配室內色系，電視立牆因為在室內，不需要用到不鏽鋼這種防鏽材質等級的材料，黑鐵價格較低，可替客戶節省預算。

施工關鍵TIPS：

1. 利用機器將黑鐵塑型以及彎折。
2. 注意圓管與扁管的組合線條，另焊接與螺絲的收邊需注意平整。

圖片提供＿懷特室內設計

設計手法 17 不鏽鋼鏡架，框住一輪明月

運用範圍：鏡面設計

金屬種類：不鏽鋼

設計概念：屋主夫妻同時間出門上班有雙洗手台的使用需求，通常這樣配置會在牆面貼上兩面鏡子，但此處牆面已經選用屋主喜歡的花磚，懷特室內設計團隊選將鏡面以從天花板懸掛的方式來保持牆面的完整性，有夫妻同時照鏡子時宛如對望的趣味，鏡架線條也增添空間中的活潑氣氛。

施工關鍵TIPS：

1. 此鏡面為懸掛式要注意鏡面加上鏡架的重量。
2. 需注意此處的天花板結構是否能夠承重。
3. 天花板如為RC，可用木作將此處懸掛基座收納。

圖片提供＿懷特室內設計

圖片提供＿懷特室內設計

圖片提供＿懷特室內設計

設計手法 18 以黑鐵的鋼硬映襯柔軟的麵包

運用範圍：陳列架、展示櫃

金屬種類：黑鐵

設計概念：「一日餐桌Simple Table」民生店從內到外皆以黑鐵作為主要材質，藉由色澤深邃且質感強烈的材料，帶出麵包店的另一種感受。設計者除了依照麵包取用的高度、擺放的層數、展示的面向構思櫃體之外，也大膽地加入書架形式的概念，來展售麵包和手作食物等。黑鐵構成的櫃體裡，除了有常見的分類、滿盤陳列，另也結合一點書籍的擺放方式，同時搭配著藝術作品一同展示，增加選用麵包的趣味之餘，也讓簡單的店面裡，蘊含了當代藝術與書卷氣息。

施工關鍵TIPS：

1. 首先利用拗折方式，製作出展示櫃中所需的層板、抽屜等。
2. 接著也預先規劃好層架、五金把手以及輪子等位置，做好預留位置、孔洞裁切等作業。
3. 後續則是以氬焊、螺絲固定等方式，將各式金屬材料組合在一塊。

圖片提供＿HII ARCHITECTS 工二建築設計事務所

圖片提供＿HII ARCHITECTS 工二建築設計事務所

設計手法 19　黑鐵櫃烘托周邊軟裝的輕盈氛圍

運用範圍：陳列架、書櫃

金屬種類：黑鐵、不鏽鋼

設計概念：本案屋主希望有座陳列結合藏書的機能櫃，但又不想置入大型量體讓空間顯得過於雍擠，於是謝和希採用5mm厚度的黑鐵板焊接成輕薄的展示架，並不額外加上背板，保有雙向的視覺通透性。其中黑鐵板採霧面塗裝，藉由柔焦的質感增添設計細節。

施工關鍵TIPS：

1. 採用5mm厚度的黑鐵板滿焊而成，並細心刮除焊縫處的多餘焊料。
2. 黑鐵板邊緣進行導角拋磨，避免人因外部撞擊而受傷。
3. 框架兩側以直徑0.8mm的不鏽鋼條作輔助支撐，精準焊接在每兩塊板材之間的固定位置，讓視覺上彷彿是一線到底。

圖片提供＿Peny Hsieh Interiors源原設計

圖片提供＿Peny Hsieh interiors源原設計

設計手法 20　鐵件層架擴增收納展示也留住採光

運用範圍：展示架

金屬種類：鐵件

設計概念：這個家受限於坪數不大，加上想要保留雙面採光的優勢，因此面對屋主的書籍與公仔、漫畫讀物收納需求，設計師巧妙於半腰窗的牆面區域，以線條細膩又堅固的鐵件拉出5層展示架，最底層深度由淺一路往上變寬，避免坐著時感到壓迫，第一層淺平台適合收納扭蛋尺寸規格的小公仔、第二層可放置漫畫或中型公仔，最上層則是擺放大尺寸、使用頻率不高的工具書籍，在空間色調的安排上，也將硬體設定黑白灰大地色調，可襯托出鮮豔繽紛公仔、漫畫，也不會讓空間顏色顯得過於凌亂。

施工關鍵TIPS：

1. 鐵板底下主要利用鐵件圓柱作為結構支撐，圓柱鎖於牆面內，再與鐵板做焊接。
2. 由於老屋牆面多半非垂直水平，鐵板後方的大小縫隙以矽利康做收邊修飾。
3. 橫跨窗戶的鐵板選則於窗框正中心置入鋼索，懸吊固定於RC天花結構內，強化展示架的穩固與承重。

圖片提供＿湜湜空間設計

圖片提供＿湜湜空間設計

131

設計手法 21 雙色烤漆扶手、踏階，營造活潑歡樂氛圍

運用範圍：滑梯扶手、踏階
金屬種類：圓管鐵件
設計概念：40年長型老公寓，重新規劃適當的生活機能，且讓公共空間保有方正格局，屋子裡的每一個柱體轉角也都以圓角處理，成為孩子的安全保護。一方面為滿足孩子們好動愛玩的個性，增設多功能遊戲區，滑梯扶手、踏階以鐵件烤漆結構打造，同樣選擇圓管造型，並延伸牆面的漸層渲染色彩，烤漆成兩種顏色相互呼應，以活潑色彩打造歡樂親子居所。

圖片提供＿＿FUGE GROUP 馥閣設計集團

施工關鍵TIPS：

1 為提升安全選擇圓管鐵件做為扶手、爬梯踏階，於工廠烤漆兩種顏色處理。

2 將圓管鐵件扶手以預埋件與C型鋼樓板做結構接合、爬梯踏階則是鎖於地板結構內，最後再利用木板包覆扶手。

設計手法 22 ｜ 不鏽鋼鍍鈦展示櫃，穿透輕薄保有最好視線

運用範圍：展示櫃

金屬種類：不鏽鋼鍍鈦

設計概念：毗鄰河岸景觀的居所，整體設計著重在「保有最好的視線」為原則，客廳一旁的空間規劃為多功能房，提供客人休憩、孩子練琴等用途，開放式格局設計賦予良好的互動與交流，也因此客廳電視牆延伸的展示櫃體，特別選擇以輕薄且具穿透性的不鏽鋼量體打造而成，鍍鈦處理突顯精緻、現代質感。

圖片提供__FUGE GROUP馥閣設計集團

施工關鍵TIPS：

1 櫃體以不鏽鋼材質加上鍍鈦處理，金屬光澤注入精緻內斂質感。

2 不鏽鋼櫃體的上、下框架皆隱藏於天地結構之內，賦予穩固性之外，讓線條感更為簡約俐落。

設計手法 23 | 折板樓梯與沖孔半牆，引出空間穿透感

運用範圍：樓梯、扶手、半牆設計

金屬種類：黑鐵、鐵沖孔板

設計概念：此案因結構上的限制，樓板上為一個T字型的樑，使得原本通往2樓空間時，產生了兩個樓梯，且間接占掉了許多空間。為了讓空間達到最大的應用，設計師重新改造，保留一支樓梯為出發點，設計為旋轉梯的造型，另外被樑切斷的空間，用黑鐵為板材製成折板樓梯，以下三階、再上三階的手法去穿越樑下空間，折板的形式一方面能弱化樓梯量體的存在感，也同時引導動線向上，成為空間的軸心焦點。黑色的半牆則採用沖孔板，讓視覺得以穿透外，也讓樓梯的材質能延展串聯。

施工關鍵TIPS：

1. 選擇3mm厚的黑鐵板材，裁切出折板樓梯的系統形式，再用焊接手法相互銜接。

2. 半牆的沖孔板選擇2mm厚的黑鐵板材，並將沖孔版焊接在3～4cm厚的外框架中，讓其能產生像扶手握把的存在感。

3. 金屬先做表面的處理，使用核心底漆後再做表面烤漆上色。

圖片提供__W&li Design十穎設計

圖片提供＿W&li Design十穎設計

設計手法 24 | 鐵件切割造型變身創意桌腳

運用範圍：吧檯桌腳
金屬種類：鐵件烤漆
設計概念：鐵件材質可以針對屋主需求喜好，運用CNC加工客製化各種造型，而且比起木作又更為輕薄、俐落許多，在這個案子當中，由於屋主非常喜歡日本漫畫櫻桃小丸子，希望家中隨時都有櫻桃小丸子的圖形，設計師便利用鐵件CNC妝點於傢具物件上，例如吧檯桌腳就加入小丸子、花輪臉形點綴，粉紅壁面展示架也以同樣概念，為生活增添趣味與個性。

圖片提供＿FUGE GROUP 馥閣設計集團

施工關鍵TIPS：
1.石材桌面底下藏著一塊鐵板，鐵板與牆面以預埋鐵件穩固結構。
2.圓管鐵件桌腳上端以滿焊方式與桌面接合，椅腳鎖於地面結構上，再覆蓋地板材質。

設計手法 25 中式圖騰簡化鐵件窗花，現代與傳統和諧共存

運用範圍：櫃體衍生出隔屏設計

金屬種類：鐵件烤漆

設計概念：回應屋主對於現代東方風格的喜好，從空間格局開始，設計師便以東方建築概念，主屋、庭園、廂房意象作為鋪排，穿過客餐廚主屋、主臥更衣走道可進入主臥廂房，主臥與更衣室之間利用衣櫃做出隔間，並畫龍點睛將中式圖騰簡化成鐵件烤漆窗花隔屏，在自然光影的映射下營造中式氛圍，也讓現代與傳統恰如其分的予以融和。

施工關鍵TIPS：

1. 隔屏兩側為櫃體厚度，先於櫃體兩側預留鐵件屏風的厚度，再將其嵌入。

2. 鐵件隔屏位置往前靠近主臥房這一側，更衣室區域就可多出檯面放置物品。

圖片提供＿FUGE GROUP 馥閣設計集團

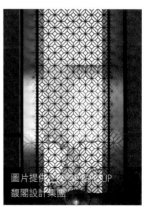

圖片提供＿FUGE GROUP 馥閣設計集團

設計手法 26　圓管金屬彎折表現北歐清新與圓潤調性

運用範圍：吊櫃

金屬種類：不鏽鋼

設計概念：空間中多有圓弧線條的設計，位於廚房吧檯上方的吊櫃也呼應了此概念，以圓管不鏽鋼製成的邊框，在邊角的表現上也呈現出圓滑的曲線，與木作層架兩兩皆以烤漆的方式做表面處理，不僅可作為收納櫃使用，也能擺放裝飾品或者植物，實現以陳列增加生活美感的理想。

施工關鍵TIPS：

1. 此圓管不鏽鋼材的管徑為1cm，可進行彎折處理，彎折過後需檢查兩邊的角度是否一致，以免安裝時因角度不一而造成困擾。

2. 圓管鋼材與木作層板之間可以鎖螺絲的方式進行固定，此方法亦有利於確保其承重力。

圖片提供＿知域設計

設計手法 27 結合金屬與木作櫃體，懸浮櫃體減輕壓迫感

運用範圍：櫃體架構

金屬種類：不鏽鋼

設計概念：試圖突破傳統的屏風設計手法，不僅賦予其收納櫃的功能，同時以圓弧線條表現柔和氣息，避免尖銳的邊角線條顯得過於突兀，以烤上金屬漆料的不鏽鋼圓管作為外框與支撐整體的架構，並透過組裝的方式使櫃體得以呈現懸浮效果，在細節處展現設計巧思，使屏風櫃兼具實用性以及裝飾美感。

圖片提供＿知域設計

施工關鍵TIPS：

1. 借用積木組合的原理，將金屬邊框與木作櫃體結合，因此在製作木作櫃體時，便需預留金屬邊框嵌入的孔洞，且距離需計算精準，並於組裝好後在出孔處加強黏合。

2. 此處使用的為1cm的圓管不鏽鋼材，可進行彎折的處理，而在不同區塊的金屬拼接處，仍需以焊接進行黏合，由於櫃體本身具有重量，必須採用滿焊的方式提升承重力。

3. 金屬邊框若與玻璃接合，需先於金屬邊框上切割出溝縫，使玻璃得以以卡榫的方式固定於邊框上，此時溝縫的厚度需測量準確，以免發生與玻璃厚度不合的問題。

設計手法 28 鐵件打造輕隔間，結合海量收納機能

運用範圍：展示、收納櫃

金屬種類：黑鐵、鐵沖孔板

設計概念：屋主有大量的藏書，為了呼應需求，設計師以鐵件打造輕隔間，整合客廳與書房，擴增共同活動的領域範圍，同時結合展示及收納的櫃體機能。展示櫃設計分為三部分，從左側地面一路延伸至天花板的l型格狀框架系統、結合學習角的方型矮櫃，以及運用沖孔板增加視覺通透的長型櫃，設計師突破傳統格局的束縛，也藉此塑造出擁有收納機能且混搭隔間的創意巧思。

施工關鍵TIPS：

1. 格狀框架都採1cm×1cm的細黑鐵構成，每兩格會做一個2mm厚的側板當作書檔。
2. 接著再以點焊法方式讓框架結構相互銜接。
3. 最後在於現場烤上白漆。

圖片提供＿W&li Design十穎設計

圖片提供__W&li Design十穎設計

設計手法 29 | 紅銅鍍鈦色易清理養護，適用於工作檯面

運用範圍：展示櫃

金屬種類：不鏽鋼鍍鈦

設計概念：甫入門便能看見與地面無縫銜接的混凝土底座吧檯，桌面以鍍上紅銅色的鍍鈦板表現，其靈感來自於盛裝茶葉的罐子，亦多為紅銅或者黃銅色澤的金屬材，因此將該元素提取出來，成為空間色彩計畫的一環。在粗獷、看似不修邊幅的空間中，局部採用金屬面材做妝點，能為空間注入一絲內斂的尊貴感。

施工關鍵TIPS：

1. 鍍鈦金屬板的鍍膜可耐酸鹼，表面不易沾附異物，用於戶外也相當適合。

2. 水泥易受潮，因此通常會凹凸不平，施工時需注意表面的平整，而水泥與金屬面的結合需考量其承重力，避免在灌注水泥後產生銜接面的裂縫。

圖片提供__合風蒼飛設計+張育睿建築事務所

設計手法 30 以灰階整合不同的材料，彎曲格板展現軟性張力

運用範圍：樓梯設計

金屬種類：生鐵

設計概念：以體驗飲茶文化為主軸的空間，最重要的便是避免材料的張力破壞了寧靜沉澱的氛圍，以鐵件製成的樓梯具有十分強烈的結構感，為了回歸內斂且不張揚的氣質，刻意以彎曲的網格板展現軟性的張力，緩和其整體重量，並以灰色烤漆包覆冷硬的鐵件原色。灰色的旋梯、混凝土牆、灰調磚牆雖各為不同的材質，卻以灰階的色調相互整合與搭配，讓材料本身的質地滿足視覺的豐富性，十分細緻且純粹，絲毫沒有打亂空間應有的靜謐與平衡。

施工關鍵TIPS：

1. 沖孔板的材質為生鐵，以烤漆的方式進行表面處理，在施工後，需特別注意轉角處以及銜接處的烤漆處理。

2. 樓梯需要承載活載重的衝擊力，因此需要較強的力度，踏板的厚度為5mm，且為實心的，在焊接時必須以滿焊的方式進行，強化穩固力。

3. 由於樓梯為弧形設計，每塊踏板形狀都不一，因此都要獨立切割，在切割過後需作導角處理，以免剖面過於鋒利造成割傷。

圖片提供＿＿合風蒼飛設計+張育睿建築事務所

圖片提供＿＿合風蒼飛設計+張育睿建築事務所

設計手法 31　金屬俐落線條回應北歐簡約風格

運用範圍‧吊櫃

金屬種類：不鏽鋼

設計概念：由於室內坪數不大，因此如何巧妙的增加收納機能成為至關重要的課題，為了體現北歐風格簡約與機能兼具的精神，利用吧檯與天花板之間的空餘地帶增設了懸吊式的櫃體，可作為醬料罐擺放架，或者酒杯的懸掛架，多元的功能性使生活更便；櫃體以不鏽鋼作為結構材料，採用烤漆的方式處理表面，可自由因應色彩計畫來決定懸吊櫃體的色調。

施工關鍵TIPS：

1. 懸吊的櫃體需做結構加強，在天花板工程開始施作之前，可先將吊櫃結構懸吊於鋼筋上，確保其承重力。

2. 方管的不鏽鋼管無法直接做彎折處理，因此需要以焊接的方式進行組裝，且考量其置物功能，會建議用滿焊的方式進行焊接。

3. 表面處理採用粉底烤漆，此種烤漆方法較不易掉漆與生鏽，可減少日後修復的頻率。

圖片提供＿知域設計

設計手法 32　金屬板材與零件的多元運用，可掛置衣物亦是書檔

運用範圍：展示層架

金屬種類：不鏽鋼

設計概念：結合了書房與客房功能的空間，收納的機能也需要具備能夠滿足雙重使用的條件，設計師巧妙的利用不鏽鋼板以及客製化的零件，打造具有鏡像視覺感的層架，上方可作為書櫃使用，下方則可掛置衣物，以單一物件創造多元使用方式，節省了空間也增添了巧思。

圖片提供＿知域設計

施工關鍵TIPS：

1. 梯形金屬零件與不鏽鋼板的銜接處，為了確保承重力，需以滿焊的方式進行焊接。

2. 不鏽鋼板的厚度為3mm，雖然厚度極薄，但由於板材與壁面之間有鎖螺栓，因此能確保其承重力，亦可保持線條的俐落感。

3. 經過切割的金屬板材於邊緣需經過導角處理，避免過於鋒利造成割傷。

設計手法 33 鐵件層板與柱體交接，模糊輕重視覺

運用範圍：展示層架

金屬種類：鐵件

設計概念：客廳後方有著厚重柱體阻隔，為了有效弱化柱體存在，利用木作包覆，同時嵌入5mm的輕薄鐵板，將視覺從直向轉移為橫向，在輕與重之間模糊視覺，精巧的層板也能作為擺放藝品的展示區，巧妙成為沙發背牆的裝飾。同樣設計也沿用至廚房，細緻的鐵件層架並搭配3mm的玻璃隔板，擴增收納機能的同時，也創造輕透視覺。

施工關鍵TIPS：

1. 鐵件層板於工廠訂製做成 L 型設計，並烤漆成白色。

2. 層板透過 L 形設計嵌入柱體與牆面後固定，而沙發後方的層板較長，則另用鋼索加強固定。鋼索與層板之間以螺絲鎖合，天花處則加上掛鉤，鋼索再掛進鉤子裡固定。

圖片提供__蟲點子創意設計

圖片提供＿蟲點子創意設計

設計手法 34 黑鐵落地窗延伸鐵件吧檯，打造一體感

運用範圍：吧檯桌面、落地窗框

金屬種類：生鐵

設計概念：這間餐廳順應原有的老舊建築，融入冷硬的工業風格，運用鐵件落地窗作為建築立面，讓人能一眼穿透室內，同時在窗邊架高地板，設置餐飲吧台，打造悠閒的戶外空間。為了與鐵件落地窗相呼應，吧檯桌面刻意採用2mm的鐵件，並與窗框固定，宛若從窗緣延伸的一體感，讓整體線條更為一致。

施工關鍵TIPS：

1. 2mm的鐵件薄板在邊緣做出ㄇ字型的反摺，避免使用時割手。
2. 鐵件桌面點焊固定在窗框上，增加結構穩定性。

圖片提供＿謐空間MII Design

設計手法 35 | 鏤空酒櫃吊架，兼顧收納與展示

運用範圍：酒櫃吊架

金屬種類：生鐵

設計概念：為了讓入門處的酒吧區更為吸睛，採用獨特紋理天然石材，搭配石板地面，打造半戶外的空間感。牆面則巧妙運用黑鐵板貼覆，與石材同色卻又自帶金屬光澤，在各種材質的疊加下，創造視覺豐富層次。同時利用鐵件吊櫃作為酒櫃，鏤空的通透設計讓收藏的酒類也能成為焦點，兼具收納與展示機能。

施工關鍵TIPS：

1. 先在牆面貼覆4塊2mm黑鐵板，每塊鐵板之間點焊固定，避免角落翹起。
2. 鐵件收納吊架則用螺絲打入牆面鎖住，再點焊吊架四邊角落即可。

圖片提供©登空間MJI Design

149

設計手法 36 簡化扶手線條，營造輕盈視感

運用範圍：樓梯扶手
金屬種類：鐵件
設計概念：在這3層樓的空間中，原本就有著高地落差的地面，因此順應空間做出木作、水泥台階一路延伸至樓梯，形成動線的串聯，同時拆除前五階的樓梯，改為懸浮設計，而扶手也特地簡化結構，僅在兩階設置立柱，並採用與牆面一致的淨白色系，保有輕盈通透的視覺效果。

圖片提供＿蟲點子創意設計

施工關鍵TIPS：
1. 扶手選用4cmx2cm的鐵件方管，進行白色烤漆。
2. 先在階梯打入小型方管，扶手則以套管方式套入固定，每組扶手立柱之間則以焊接固定。

圖片提供＿蟲點子創意設計

設計手法 37 幾何造型扶手，勾勒輕盈視覺

運用範圍：樓梯扶手

金屬種類：生鐵

設計概念：這間樓中樓以簡約俐落的設計概念為主軸，在淨白空間的基底下，有別於以往樓梯扶手的厚重印象，採用細緻鐵件線條勾勒出幾何圖案，簡潔造型也巧妙成為美麗的沙發牆面端景，空間更有質感。特地搭配通透玻璃，讓樓梯顯得輕盈穿透，視覺有效放大。

施工關鍵TIPS：

1. 鐵件扶手以內外套管的方式固定於牆面上，再以點焊固定套管。
2. 焊接完，牆面會有損傷燒焦，再補土修復即可。
3. 嵌入8+8mm的強化玻璃，刻意留出離牆3cm的間距，不易積塵也方便清潔玻璃。

圖片提供__謐空間MII Design

設計手法 38　白色輕薄踏階，穿透視覺最大化

運用範圍：樓梯踏階
金屬種類：鐵件
設計概念：由於空間只有5坪大小，生活空間希望
盡量放大，於是挑用挑高4米的優勢，透過夾層多
出主臥與更衣空間，並採用1cm厚的輕薄鐵板作為
樓梯，有效承重的同時，搭配鋼索的通透鏤空設計
也能降低樓梯的存在感，讓視線得以穿透不阻隔，
同時延續清新淡雅的主色調，樓梯以白色烤漆減輕
視覺沉重，達到空間開闊放大的效果。

圖片提供＿蟲點子創意設計

施工關鍵TIPS：

1. 鐵件踏階在工廠施作烤漆
   後，送至現場組裝。
2. 將踏階預埋在水泥牆面，
   嵌入5～10cm後鎖住並
   焊接固定。再包上木作牆
   面，踏階與木作牆面之間
   則以矽利康填縫。
3. 由於踏階太長會下垂，另
   一側則利用鋼索固定。

設計手法 39　金屬網架點綴綠植，工業風也有清新感

運用範圍：懸吊網架

金屬種類：生鐵

設計概念：以工業風為定調的空間中，以回收舊木鋪陳地面，奠定復古氛圍，而吧檯上方輔以鐵件吊櫃點綴，粗獷的金屬材質增添冷硬質感，同時內藏軌道燈具，兼具照明與收納需求。為了不讓空間過於冰冷，天花架設鐵件擴張網，搭配豐富綠植，注入清新暖意，視覺也更有層次。

施工關鍵TIPS：

1. 先在天花打入小方管，吧台收納吊架則製作較大的方管。
2. 收納吊架套入小方管，套管後點焊固定，能有效避免螺絲等零件的存在，讓鐵件線條宛若嵌入天花中，看著更簡單俐落。
3. 天花的擴張網則採用螺棒懸掛固定。

圖片提供＿謐空間MII Design

設計手法 40 | 鏤空層架，展現俐落質感

運用範圍：展示層架

金屬種類：生鐵

設計概念：為了不讓入門空間過於單調空洞，刻意設置一座鐵件收納層架，表面噴漆深灰色，帶有些許銀粉的材質，強調金屬光澤質感，在純白空間的映襯下，創造細緻又輕奢的線條感，更顯簡約俐落，也能巧妙遮掩牆面電箱，弱化存在感。收納架特地錯落佈置大小不一的櫃格，同時嵌入木箱，異材質的拼接更能豐富展示層次。

施工關鍵TIPS：

1. 此為兩座鐵件層架相接而成，層架與石材地板以內外套管的方式固定，從側面鎖住螺絲固定，有效穩固不傾倒。

2. 螺絲處進行噴漆修補，統一整體色調。

3. 兩座層架以點焊固定，打磨焊點後噴漆修補。

圖片提供＿謐空間MII Design

155

設計手法 41　木作預埋鐵件，爬梯更穩固也簡約美觀

運用範圍：床鋪樓梯

金屬種類：鐵件烤漆

設計概念：在這間僅僅22坪的住宅空間，設計師分別於兩間小孩房採用垂直設計，試圖爭取更大的使用面積與機能。男孩房以上鋪床位打造，對應下方空間就是隔壁女孩房的下鋪床位，上鋪床則透過鐵件烤漆的樓梯形式，提供穩固安全的使用。比較細膩的做法是，設計師特別選擇預埋螺絲孔再鎖上鐵件樓梯，如此就能避免五金裸露，讓設計更為簡約美觀。

施工關鍵TIPS：

1. 進行木作工程時，先將鐵件的預埋件螺絲孔包在木作結構內。

2. 鐵件於工廠做粉體烤漆塗裝，顏色可以均勻分布，亦可修飾掉焊點區域。

3. 為了避免現場進出會破壞烤漆，於末端收尾時再將樓梯鎖於木作預埋的螺絲上。

圖片提供__FUGE GROUP馥閣設計集團

設計手法 42　懸吊鐵板可吸鐵也兼顧臥房隱私

運用範圍：懸吊隔屏

金屬種類：鐵件烤漆

設計概念：將具有包覆、安全感的圓弧設計，延伸至次臥房的空間當中，為避免推開房門直視床鋪的尷尬，設計師於床鋪側邊懸掛一道圓弧鐵件，這道鐵件不僅僅具備隔屏功能，鐵件本身帶磁性的作用也成為青春期孩子張貼喜愛的相片、明信片等裝飾，以白灰色彩搭配運用加上圓弧線條語彙，也注入活潑氛圍。

施工關鍵TIPS：

1. 圓弧鐵板以圓管鐵件懸掛於天花板上，圓管部分需與RC結構做銜接才穩固。

2. 鐵板與圓管之間於工廠就先做好焊接。

3. 烤漆分成兩個步驟，先烤白色底色再上灰色圓弧區域，兩色之間須留出自然縫，避免烤漆後產生邊緣感。

圖片提供__FUGE GROUP 馥閣設計集團

圖片提供__
FUGE GROUP 馥閣設計集團

設計手法 43 玫瑰金不鏽鋼管點綴輕奢質感

運用範圍：管線設計

金屬種類：不鏽鋼

設計概念：在工業風空間的基底下，不做天花封頂，改以水泥塗料鋪陳，裸露的燈具管線特地烤漆為玫瑰金色，金屬光澤在灰質粗獷的空間中隱約閃耀，注入輕奢質感，也正好與餐廳吊燈的色系相互呼應，統一視覺。而沙發背牆則嵌入軌道燈，不僅有效加強局部照明，從櫃體沿著樑下設置，宛若勾勒空間線條，創造立體感受。

施工關鍵TIPS：

1. 天花設置原色的不鏽鋼管，嵌入筒燈後以螺絲鎖住固定。
2. 固定好之後再以噴漆為玫瑰金色。

圖片提供＿蟲點子創意設計

設計手法 44　巧用厚重矮樑，弱化鐵件單槓存在感

運用範圍：單槓設計

金屬種類：鐵件

設計概念：由於屋主有在家健身的需求，再加上本身有著老屋特有的梁柱過多問題，刻意選在玄關天花設置鐵件單槓，巧妙利用低矮樑體隱藏單槓存在，同時入口處也有開闊空間方便運動。而入門櫃體也順勢做出曲面造型，不僅柔化空間線條，運動時前後搖擺也不會撞到一旁櫃體，強化安全性。

施工關鍵TIPS：

1. 單槓表面以磨砂霧面烤漆，增加握把的摩擦力。

2. 由於單槓需要能承受人身重量，以膨脹螺絲打入水泥天花，有助強化承重。

圖片提供＿
蟲點子創意設計

圖片提供＿蟲點子創意設計

設計手法 45 │ 金屬書架搭襯仿古鏡，融入復古氛圍

運用範圍：書櫃

金屬種類：鐵件、不鏽鋼、黃銅

設計概念：整體空間以1920年代的風格定調，鋪陳菱格木地板、深色木皮牆奠定輪廓。由於當時普遍使用活動傢具，刻意不做置頂的固定櫃，改以鏤空書櫃代替，書櫃以不鏽鋼為骨架，表面貼上木皮巧妙融入背牆。輔以圓弧的藍色鐵網襯托，創造細緻俐落的線條，中央搭配仿古鏡的設計，反射虛與實、復古與現代交錯的空間氛圍。

施工關鍵TIPS：

1. 將作為支撐的U型鐵件烤漆成灰色後，固定於天花，並穿入黃銅管，黃銅管本身內套不鏽鋼，相互接合固定。

2. 書架本體的兩側圓管以不鏽鋼製成，表面貼上木皮，利用套管方式固定於牆面與地面。

3. 藍色鐵網在工廠事先導出R角，而在現場施作時，略微與牆面脫開，在上下兩側以金屬鎖件打入牆面固定。

圖片提供＿開物設計

設計手法 46　不鏽鋼燈帶貫穿空間，隱喻新舊交融

運用範圍：燈帶設計

金屬種類：不鏽鋼

設計概念：在復古與創新為主軸的設計概念下，客廳裸露部分管線，重現過往工業質感風貌，同時安排不鏽鋼燈帶貫穿空間，一路從玄關蜿蜒至主臥門前。內嵌霓虹燈的細緻光帶隱喻現代與過去的連結，而不鏽鋼的金屬光澤巧妙導引視線的流動，也為空間點綴輕奢質感。

施工關鍵TIPS：

1. 現場在地面放樣，定位燈帶位置，在天花打入Y型鋼索鎖件，鋼索再與燈帶鎖住固定。

2. 而燈帶從剖立面來看，是近趨於H型的設計，中央採用鐵片分隔上下，因此每段不鏽鋼燈帶則是透過點焊鐵片相接固定。

圖片提供＿開物設計

圖片提供＿開物設計

Type04 裝飾表現

PART 01

裝飾表現之
金屬材質選擇

既然是作為裝飾表現，其金屬材質的選擇種類又更為多元，像是紅銅、黃銅、鋁、擴張網、沖孔板等，透過不同的運用方式，進行裝飾效果的同時還兼具些許的機能作用。

圖片提供__Peny Hsieh Interiors 源原設計

裝飾表現之金屬材比較

種類	紅銅	黃銅	鋁	沖孔板	擴張網
特色	純銅本身屬柔軟的金屬，切面會帶有紅橙色的金屬光澤，延展、導熱以及導電性皆好。	黃銅的抗腐、耐磨性高，經常用於精密機械，也是製造銅管樂器的主要材質。	鋁板材料輕，密度僅有鋼、銅的1／3，柔軟且好裁切、容易塑形是其特色。	通常以不鏽鋼板作為底材，在表面沖壓圓形或其他不同形狀的孔洞而成的鋼板。	擴張網的特殊菱形網狀結構，可提供良好的通透視覺性效果。
挑選	銅有許多不同種類的合金，合金的金屬比例會影響呈現出來的色澤與硬度。	建議選擇成分愈精純的愈好，一般可分為普通黃銅與特殊黃銅。	以鋁錠軋製加工而成的材料，其中又再製造出多種形式的鋁板。	沖孔板厚度從1～5mm都有，一般常使用2mm厚度的沖孔板。	金屬擴張網包含鋼鐵、不鏽鋼、鋁的材質，鋁的強度較低，作為結構性設計建議以鐵或不鏽鋼為主。
運用	銅質地較軟，多施作於立面，或者製成五金把手，亦可見於傢具燈飾等處。	黃銅具有耐磨抗腐、延展性佳的特性，除了作為機械零件，在設計上經常做成銅管、銅片、五金零件。	鋁料材質多半會直接使用原本色，鋁浪板通常有規格顏色可供選擇做創意運用。	沖孔板的孔洞可以客製化，依照設計概念作不同的排列組合。	擴張網除了方正造型，另外還網狀編織形狀有多種選擇，長度也沒有限制。
施工	銅的延展性高，常見多以焊錫的方式進行拼接。	於工廠進行黃銅的加工時，多半以焊接方式處理，避免造成焦黑表面。	只要將需要的尺寸裁切好，再利用矽利康做黏著即可。	依據面積大小，決定在工廠先行加工並到場裝設，或者是直接在現場施作。	金屬擴張網四邊須有金屬框架作為支撐與固定，擴張網與框架會以焊接方式，先於工廠事先做好，再於現場安裝。
計價	依據厚度、長寬有不同的價格（其他項目另計）。	依據厚度、長寬有不同的價格（其他項目另計）。	視造型與設計而定（其他項目另計）。	依照厚度、面積大小價格不同（其他項目另計）。	以才數、面積為計算（其他項目另計）。

紅銅
可塑性高，能展現出時間感的質感金屬

✛

特色 解析	純銅本身屬於柔軟的金屬，切面會帶有紅橙色的金屬光澤，延展性、導熱與導電性皆十分良好，除了作為電纜、電子元件的常用材料，也經常使用於建築空間中，需要注意的是，純銅並不適合直接加工，因其材質過軟，韌性較大，會導致加工面不夠光亮，此時可加入鋅製成黃銅合金，增加其強度，便可得美觀的加工面。
挑選 方式	銅有許多不同種類的合金，如銅鋅合金、銅錫合金等，每種不同種類的合金、合金金屬比例，都會影響所呈現出來的色澤及硬度。在挑選銅板的時候，除非是在較為特殊的環境下使用，否則可優先考慮希望呈現的效果。此外，也可以藉由後端處理來展示想要的紋理質感，例如借重水氣的比重以及接觸水氣的面積與區塊等等，來控制氧化銅綠的面積與程度。

水相設計在水相事務所的洗手間裡，自檯面到牆上包裹了純銅，透過局部打磨成光潔鏡面的方式，改變了材質的的介面屬性。

圖片提供__水相設計

從水相事務所入口處自左邊望去，就能看到純銅材質的運用，藉金屬的色澤替空間帶來一抹溫暖。

適用方式	立面裝飾
計價方式	除材料本身，另還考量加工方式、施工難易度等計算相關費用，另還會收取運用、安裝等費用。
計 價 帶	材料依據厚度、長寬有不同的價格（其他項目另計）。

設計運用	近年來，復古潮流興起，銅取代金成為更加熱門的裝飾材，由於銅具有會隨著時間遞嬗產生色澤變化的特性，是許多人喜愛用銅的原因之一。由於銅質地較軟，易因碰撞產生凹凸面，且易氧化產生銅綠，因此居多施作於立面，或者製成五金把手，亦可見於傢具燈飾等處。亦有建築師以銅作為屋頂瓦片的替代物，刻意讓其經過氧化並產生銅綠，表現出另類的建材質地。

施工方式

1. 銅的延展性高，除非是以鑽孔的方式鎖定進而接續鋪設，不然一定得用焊錫的方式進行拼接。
2. 焊錫跟銅接觸時會留有痕跡，沒辦法如鐵的焊接一樣，焊點與鐵本身幾乎沒有色差，因此銅在焊接時，不會是處理在片與片之間，而會是在銅片在背後作好焊錫結構，藉此固定銅片，同時避免於表面留下焊接痕跡。

注意事項

1. 如果想要消除表面的銅綠，除了以刮除的方式，還可以拿去曬太陽，因為熱漲冷縮的原理，遇熱可以讓銅綠與銅產生分離的作用，會更好剝除。
2. 金屬表面在安裝或使用過程中會產生細微的小刮痕，如果選用光滑或直條紋的表面處理，這些小刮痕就會非常明顯，反之若是選用亂紋的表面處理，即使日後產生刮痕，也不會影響整體效果。
3. 由於銅的質地柔軟，因此在塑型上，建議盡量簡化工序，避免過度複雜。

黃銅
替設計注入輕奢華麗質感

＋

特色
解析

黃銅本身是由銅與鋅組成的合金，純銅外觀為紅色，而紅銅加了鋅，即呈現黃色，黃銅的抗腐、耐磨性高，經常用於精密機械，再加上音色優美，也是製造銅管樂器的主要材質。而亮金色的黃銅外觀優美，柔和溫潤的金屬光澤帶點輕奢質感，還有延展性高、易於塑型的特色，在室內設計經常擔任畫龍點睛的裝飾角色。

挑選
方式

黃銅組成的成分建議選擇愈精純愈好，一般可分為普通黃銅與特殊黃銅。普通黃銅只有銅與鋅兩種金屬，特殊黃銅則是有三種以上組合的合金。若雜質越多，則延展性相對較差，而合金純度越精純，也會具有較佳的韌性與延展性。可要求製造商提供化學成分，確認是否含有雜質，以確保材料品質。

設計
運用

黃銅的金黃色澤具有讓人眼睛一亮的感受，再加上具有耐磨抗腐、延展性佳的特性，除了作為機械零件，在設計上經常做成銅管、銅片、五金零件，甚至造型燈具，創造視覺驚豔亮點。而依照鋅的比例不同，黃銅的色澤也會有所變化，鋅的比例越高，在色澤上就越黃，若鋅的比例偏低，外觀看起來會更為的黃紅，可依照需求選擇適合的色系搭配。

復古門片巧妙拼貼黃銅與鏡面，創造豐富光影層次，注入仿古優雅韻味。

圖片提供＿＿開物設計

在沉穩木色的襯托下，運用相近色系的黃銅點綴，隱隱閃耀金屬光澤，增添輕奢氣息。

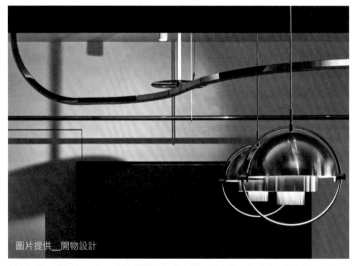

圖片提供＿＿開物設計

刻意裸露天花管線，利用不鏽鋼燈帶與銅管勾勒細緻線條，粗獷中又帶有精緻質感。

| 施工
方式	1. 由於黃銅以高溫焊接，表面會被烤黑，焦黑痕跡無法修復，因此一般來說於工廠進行黃銅的加工時，多半利用氣焊、電弧焊、手工電弧焊、氬焊等施工手法，避免造成焦黑表面。 2. 而在室內的現場施工上，則是利用套管或貼覆的方式組裝。以黃銅薄板來說，若是以木作為基底，銅便為貼覆材，可利用強力膠黏貼在牆面上。
注意
事項	1. 黃銅怕水，一旦遇水、遇濕氣，表面會產生銅綠，建議避免使用在衛浴、陽台等潮濕區域。 2. 黃銅雖然耐磨卻不耐刮，容易產生刮痕，若要處理刮痕，需以手工打磨拋光。 3. 若要避免銅鏽情況，建議定期在表面塗抹銅油養護，有效維持金黃光澤。

適用方式	機能運用、立面裝飾
計價方式	以片計價（加工費與運費另計，加工費依實際需求計算，運費一趟北中南運費計價又有所不同）。
計 價 帶	材料依據厚度、長寬有不同的價格（其他項目另計）。

鋁板
輕盈柔軟易塑形，展現現代科技感

＋

| 特色
解析 | 鋁板材料的比重輕，密度僅有鋼、銅的1／3，柔軟且好裁切、好塑形是其特色，過去較普遍出現於工廠隔間，因缺乏突破性的設計運用，比較少用在住宅空間當中，近幾年來則多透過加工、與其他材料的搭配，愈來愈流行做為裝飾材，另外，在自然環境中，鋁表面會形成一層氧化膜，可以阻絕空氣造成進一步的氧化。 |

以鋁錠軋製加工而成的材料，其中又分為純鋁板、合金鋁板、薄鋁板、花紋鋁板、鋁塑板、鋁浪板……等多種選擇。鋁浪板適合運用在建築外觀立面，自有的波浪紋路搭配燈光照明能提升精緻質感；室內部份則常見鋁塑板貼飾於櫃體或是壁面，僅需要根據量體大小裁切後即可施工。

挑選方式

鋁料材質多半會直接使用原色，運用在外觀的鋁浪板通常有規格顏色可供選擇，鋁塑板則反而想藉由其霧面帶花紋的特性，取代如玻璃、鏡面材質，達到適度反射卻又不易留下手痕、汙漬的雙重效果。另外還有一根根的鋁條，可與黑鐵框架互相搭配，形塑出特殊的立面造型設計。

設計運用

座落於十字路口的傢飾店，利用雙層鋁浪板做前後交錯堆疊，搭配由下往上的燈光投射，夜間反光時塑造出如鏡面般的效果。

圖片提供＿一水一木設計工作室

遠端的立面包含櫃體、洗手間門片，由於使用頻率較高，但又想要隱約的反射延伸效果，設計師於木作上貼飾
鋁板，無須擔心留下手印，一方面搭配黑色線板為邊框修飾收邊，讓立面更添立體感。

圖片提供＿一水一木設計工作室

吧檯側立面免不了
碰撞，鋁板本身帶
霧面花紋質感，既
不易顯髒也很好擦
拭保養，同理也很
適合用取代廚房吊
櫃下的烤漆玻璃。

施工 方式	1.鋁塑板的施作相當簡單，只要將需要的尺寸裁切好，再利用矽利康做黏著即可。 2.鋁條與鐵件外框接合時，可藉由雷射切割出溝縫的方式，但角度皆需計算精準，以免最終排列成果不如預期。

注意 事項	1.鋁板表面亦可再加上各種不同的處理，耐蝕性會更佳，可於室外及較惡劣的環境中使用。 2.若使用鋁浪板作為建築外立面設計，考量到鋁料質量輕盈、柔軟，建議可堆疊兩層交錯使用。

適用方式	機能運用、立面裝飾、建築外觀
計價方式	以才數、面積為計算（每家工廠報價方式不一）。
計 價 帶	視造型與設計而定（其他項目另計）。

沖孔板
獨特微孔造就出立面獨有美感

+

特色解析	沖孔板通常是以不鏽鋼板作為底材,在表面沖壓圓形或其他不同形狀的孔洞而成的鋼板,可依照需求進行不同顏色的烤漆加工。沖孔板具有穿透性,常用於隔層或門片或其他需要透光功能的地方,或是衛浴設備與懸掛功能的背板。
挑選方式	沖孔板厚度從1～5mm都有,厚度愈厚價格愈高,一般常使用2mm厚度的沖孔板,但也需要參考面積與用途來決定厚度,像是大片門片若是使用1mm度的沖孔板,會因太薄而容易變形,宜多加留意。
設計運用	沖孔板的孔洞可以客製化,依照設計概念作不同的排列組合,梅花孔就是5個圓孔依照梅花花瓣的排列方式呈現,視覺上較有變化性,平行孔則是一般常見依照同樣間距平行排列的圓孔,變化性低。

戶外區的木紋地坪、沖孔板與殖民風百葉窗混搭，絲毫無違和感！

圖片提供＿懷特室內裝修

沖孔板不只作為立面裝飾之用，表面的洞孔亦能吊掛植栽，增添材質的實用性。

施工 方式	1. 面積不大的沖孔板可在工廠先進行烤漆等加工動作，再運到現場裝設，但如果面積過大過高，則需拆解到現場，再進行烤漆焊接等加工。 2. 孔洞大小與沖孔板的放置位置、距離遠近及觀賞的角度有關。例如直徑1cm的孔洞近看很大，但如果是放置在大面積鋼板上，或是沖孔板裝設位置在比較高遠處，視覺上孔洞就會變小，在施工前可以先用紙板打出1:1的孔洞，放在該處確認效果，沒問題後再施做真正的金屬沖孔板。
注意 事項	1. 需注意沖孔板的孔洞收邊的平整度，不會因銳利被割傷。 2. 除了不鏽鋼材質的沖孔板，黑鐵上了防鏽塗層也能做沖孔板，多用於室內，價格相對便宜。

┃適用方式┃	立面裝飾、機能運用
┃計價方式┃	鋼板以重量計價，但沖孔板若非規格品，需要焊接，客製孔洞等加工技術，則以報價處理。
┃計 價 帶┃	依照厚度、面積大小價格有所不同（其他項目另計）。

擴張網
外觀室內皆適用，堅固且通透性佳

+

特色解析	金屬擴張網的特殊菱形網狀結構，可提供良好的通透視覺性效果，若空間當中需要賦予穿透性，相較於木作必須洗洞或是透過造型切割創造出格柵線條，直接使用擴張網是最快速的選擇，再加上擴張網的金屬網狀擁有扎實的力學載重結構，具有穩固強硬的鋼性特性。
挑選方式	金屬擴張網包含鋼鐵、不鏽鋼、鋁的材質，鋁的強度較低，若是作為結構性設計建議以鐵或不鏽鋼為主。擴張網可適用於外觀、戶外、室內隔屏或是樓梯圍欄，若是作為外觀使用，有專屬的外牆、建築用金屬擴張網款式，低樓層可選擇網狀密度較高的設計，保護隱私避免陽光直射，高樓層再搭配密度較高的擴張網。
設計運用	擴張網不單單只能有方正的造型，網狀編織形狀有多種選擇，長度也沒有限制，亦可透過裁切加工訂製不同的造型，例如彎曲成弧形的立面。表面很多種方式處理，噴漆、烤漆或是鍍鈦，通常鐵製的金屬擴張網較常被設計師使用，黑鐵本色會再經過粉體烤漆處理，避免隨時間鏽蝕斑駁，但如果是追求自然原始氛圍或是輕工業風格的商業空間，則可省略烤漆。

圖片提供＿＿木介空間設計

3層樓的餐飲空間，2樓挑高區域選用黑鐵烤漆擴張網作為圍欄，賦予適當的視覺通透也兼顧安全性，黑鐵烤漆與水泥本色、裸磚結構的氛圍也更為協調。

圖片提供__水相設計

獨棟建築的樓頂選用不鏽鋼金屬擴張網，保持通風之外，亦可阻擋側邊大樹的蔓延，兩側金屬框架為呼應設計
語彙搭配白色噴漆處理。

施工方式	1. 金屬擴張網的四邊必須有金屬框架作為支撐與固定，擴張網與框架會以焊接方式於工廠事先做好，再於現場安裝。 2. 若是作為建築立面造型，框架必須以掛鎖五金配件鎖於RC結構上。
注意事項	1. 金屬擴張網亦可作為踩踏地面結構設計，但要注意網狀的密度、材料鋼性、厚度的標準都必須高於立面使用的規格。 2. 鐵遇水、遇濕氣本就容易生鏽，不建議設置在濕氣較重的環境中，以免受潮生鏽。

適用方式	機能運用、立面裝飾
計價方式	以才數、面積為計算（每家鐵工廠報價方式不一）。
計價帶	視造型與設計而定（其他項目另計）。

Type04
裝飾
表現

PART 02

裝飾表現之
金屬材質運用

作為裝飾用途的金屬,其不只能替設計帶來新意,更能替空間創造出充滿多樣的表情。設計者善加利用創意,讓金屬做不同的發揮與運用,充分展現材質的各種設計巧思。

圖片提供＿懷特室內設計

設計手法 01　復古金銅搭配跳色抿石，形塑經典懷舊氛圍

運用範圍：LOGO、家徽設計

金屬種類：銅

設計概念：設計師將自帶貴氣的銅材質低調用在地坪LOGO上，透過雷射切割雕出細膩的圖騰，包含品牌名稱與家徽等，搭配單色或多色的抿石，讓亮眼的銅與質樸的石結合成獨特的LOGO語彙。另外要留意的是，雷射切割金屬建議事先與廠商確保圖騰的可行性與繁雜度，避免施作後與想像不符。

施工關鍵TIPS：

1. 採用厚度3mm的銅板進行雷射切割，其中切割有一公式可供參考：「金屬厚度（mm）x0.8＝寬度（mm）」，例如厚度3mm的銅板最細可雷切到2.4mm的銅條。

2. 銅長期使用磨擦會產生自然發亮，因此本案沒有特別塗抹保護漆，端看設計需求而異。

圖片提供＿JI Design 硬是設計

圖片提供＿JI Design 硬是設計

185

設計手法 02　沖孔板打造有光空間

運用範圍：半戶外牆裝飾
金屬種類：不鏽鋼沖孔板
設計概念：此處公共空間為了遮避掉1樓後陽台曬衣景象與雜亂的管線空間，懷特室內設計在立面處選用了沖孔板作為裝飾，並搭配綠色植栽，一來遮去雜亂景象營造出慵懶度假風，再者也可保留1樓後陽台的穿透光源不致昏暗，因為是半戶外開放空間，選用了不鏽鋼材質好耐鏽蝕。

施工關鍵TIPS：

1. 立面沖孔板如在室外要選用防鏽材質，室內則可以選用黑鐵烤漆節省成本。
2. 如在戶外且量體大，孔洞需要更放大，以免看不出效果。
3. 量體面積大需在現場進行焊接烤漆，不然可先在工廠處理完畢再到現場裝設。

圖片提供＿懷特室內設計

運用範圍：背景牆裝飾

金屬種類：不鏽鋼

設計概念：挑高兩層樓的大理石背景牆，灰白的輕柔色澤，加上表層以特殊工藝製成波浪狀的立體紋理，再以霧面拉皮處理，雖不如亮面般華麗，卻也不失典雅氣息，其中Peny Hsieh Interiors源原設計採用長寬2cm×2cm的不鏽鋼方管扣合於石牆兩側，當中在方管表面鍍上香檳金色澤，讓石材與金屬形成些許視覺反差、相互烘托，再者也讓看似剛硬的金屬元素有了另一種優美呈現。

施工關鍵TIPS：

1. 選擇方管的尺寸要合乎整體比例，例如本案樓高5m，因此配置長寬皆2cm的不鏽鋼方管顯得恰到好處。

2. 假使要焊接造型框架，須再表面電鍍之前。

3. 本案方管是選用平頭鎖與牆面固定，平均約每60cm定鎖頭位置，確保整個金屬框架的結構安全。

圖片提供＿Peny Hsieh Interiors 源原設計

設計手法 04 藉表面加工讓視覺更富光影變化

運用範圍：臥室入口立面裝飾

金屬種類：不鏽鋼

設計概念：即便是同種金屬，也能運用各種表面加工創造不同外觀表現，例如本案的臥室入口，利用三種加工手法增添不鏽鋼的多樣性，包含「亮面」、「亂紋面」與「毛絲面」，亮面反光效果佳、亂紋面帶有霧面效果、毛絲面則呈現垂直的光澤細紋，整體空間透過局部金屬材質的注入，使石材的質樸與現代感在此處達到平衡。

施工關鍵TIPS：

1. 錯開同種加工手法的不鏽鋼板，讓亮面、亂紋面與毛絲面能交錯放置，讓畫面更活潑豐富。

2. 亂紋面與毛絲面要留意施作時的紋路深度等尺寸，確保能呈現想要的表現效果。

圖片提供__Peny Hsieh Interiors 源原設計

設計手法 05 鐵網背光打造未來科技感

運用範圍：電視牆裝飾

金屬種類：黑鐵＋鐵網噴漆

設計概念：屋主希望電視牆不單調，能有背景光，設計者利用鐵件掛上鐵網，相同材質的組合拼貼，讓電視牆有了平常之外的另一種風貌。鐵網有同色規格品可降低成本，視覺上則因為線條的粗細與直橫交錯有了變化。

施工關鍵TIPS：

1. 此電視牆的鐵網切割需小心收邊，以免被割傷。
2. 注意鐵網的鐵絲、邊框的粗細比例。
3. 因面積較大，鐵網與邊框是在現場焊接。

圖片提供＿懷特室內設計

189

設計手法 06　藤編鐵件交織異國殖民風

運用範圍：大廳立面裝飾
金屬種類：黑鐵
設計概念：此處為大廳接待空間，訴求有異國風情
的度假感，一般設計上常見以藤編來營造氣氛，設
計師想結合本地文化與異國風貌，先研究藤編的編
織線條進行組合拆解，然後翻玩材質將黑鐵彎折成
藤編花紋形狀，最後以台灣早期的花窗形式呈現出
來，營造出個體的獨特風格。

圖片提供＿懷特室內設計

施工關鍵TIPS：

1. 花紋是專屬設計非規格
   品，需將黑鐵就花紋形狀
   一個個進行彎折。
2. 每個花紋的細部油漆、拋
   光跟打磨需細心處理。
3. 將每個花紋排列好再一個
   個焊接起來，注意焊接點
   的收尾。

設計手法 07　弧形紅銅賦予安定沉靜感受

運用範圍：入口隔屏裝飾

金屬種類：紅銅

設計概念：洞穴是人類最早的居所，身處之中會讓人充滿安全、沉靜感受，這間SPA空間主要也是放鬆身心靈的場所，因此特意在牆體、部分開口使用弧形線條營造空間中的洞穴感，整體以較為昏暗舒適的燈光鋪陳，長廊底端則是透過鏤空金屬隔屏引入自然光源，在材質的選擇上，由於環繞於自然主軸，希望能以最原始的樣貌呈現，因而此道隔屏選用紅銅，不做多餘的表現加工，讓觀者能感受其本質，賦予如同大自然予人的安定感。

圖片提供＿水相設計

施工關鍵TIPS：

1. 為呈現視覺輕盈感受，選用薄但是有寬度的紅銅金屬片、深度25mm厚度3mm的尺寸打造。

2. 將一條條的紅銅長條以垂直水平的方式交互建構出隔屏的結構。

3. 最後再以打磨方式修飾邊角。

設計手法 08 擴張網天花巧妙遮蔽空調主機

運用範圍：天花板裝飾

金屬種類：金屬擴張網

設計概念：寬敞的開放式廳區，考量屋主身高近
190cm，因此除了封管與大樑下管線的必須性包覆
之外，其餘天花盡可能維持既有屋高，然而一方面
屋主也希望吊隱式空調主機能稍微有所遮蔽，在歸
納材質以及思考空間整體調性的原因之下，設計師
選擇延伸展示架的材料，以金屬擴張網作為天花板
的局部修飾，加上裸露管線的噴漆處理，試圖降低
吊隱式空調主機的存在感。

施工關鍵TIPS：

1 金屬擴張網部分直接鎖於
樓板側邊，垂直高度部份
則利用吊件與天花板做固
定銜接。

2 裸露管線特意稍微往內側
收整，並經過噴漆處理儘
可能隱形化。

圖片提供＿湜湜空間設計

圖片提供__混混空間設計

設計手法 09 紅銅吧檯閃耀金屬光澤，創造亮點

運用範圍：吧檯裝飾

金屬種類：紅銅

設計概念：一進入空間，就能看到風格搶眼的拓采岩薄片，特殊的粗獷紋理為空間率先奠定穩重自然的氛圍。吧檯本身以回收舊木製成，為了與深色木皮相合，運用相似色系的紅銅統一調性。而紅銅本身隱隱閃耀的金屬光澤，則能作為視覺亮點，在一片沉穩的質樸素材中，注入貴氣輕奢的質感。

圖片提供_隱巷空間 MII Design

施工關鍵TIPS：

1. 吧檯桌面以木作板材為底，訂製紅銅造型並在邊角折出四面。
2. 分別在紅銅與木作底材塗上強力膠，紅銅從底材側面滑入固定。

設計手法 10 金屬幾何線條，勾勒床架造型

運用範圍：主臥背牆裝飾

金屬種類：黃銅

設計概念：主臥延續客廳的沉穩木色，特地採用更深色的胡桃木鋪陳牆面，從客廳往主臥看，透過深淺對比創造遠景層次。同時沿用屋主原有的床鋪與櫃體，背牆刻意鑲嵌黃銅條勾畫幾何造型，藉此暗喻床頭背板，在同色系的牆面中映襯下，隱約的金屬光澤閃耀，增添豐富的視覺層次。

施工關鍵TIPS：

1. 事先於工廠切割1cm寬的黃銅條，兩側交接處並採用斜切，兩兩對接才會密合。

2. 木作牆面留出1cm深的縫隙後，嵌入黃銅條固定。

圖片提供＿開物設計

設計手法 11 紅銅牆面，增添舞台華麗效果

運用範圍：牆面立面裝飾

金屬種類：紅銅

設計概念：結合屋主的表演興趣，客房刻意納入一座迷你劇場，架高地面作為舞台，並設置拉簾，既能與客廳區隔，也能作為劇場布幕使用。為了豐富舞台的戲劇效果，牆面運用紅銅鋪陳，不僅與整室的木色同調，閃耀的金屬質感也強化空間的輕奢華麗感，而能隨著時間變色的紅銅也賦予空間時代感，展現與居住者相伴的歲月痕跡。

圖片提供＿開物設計

施工關鍵TIPS：

1. 木工先放樣打版，接著依照版樣訂製紅銅薄片。同時紅銅選用1mm的厚度，這樣的厚度不會產生凹洞或折痕。

2. 紅銅薄片採用密貼，並以強力膠黏著固定，而每塊之間留縫，與地板則留出2～3mm的縫隙，以防熱脹冷縮。

3. 表面塗上銅油保養，以防氧化。

圖片提供＿開物設計

設計手法 12　磨石子+不鏽鋼條，勾勒圓弧意象

運用範圍：地面圓弧意象

金屬種類：不鏽鋼

設計概念：這座獨棟住宅注入與地共生、融入地景的設計概念，就地採用當地盛產的磨石子鋪陳地面，刻意勾勒出圓弧曲線，隱喻「一步一腳印」意象，串聯人與土地的深厚情感。而磨石子與木地板之間改以不鏽鋼條作為收邊，取代銅條的不鏽鋼，具有耐熱特性，在施作磨石子時能避免過熱變軟的問題。

圖片提供＿欣琦翊設計有限公司C.H.I. Design Studio

施工關鍵TIPS：

1. 訂製8mm寬的不鏽鋼條，於工廠事先進行彎曲施工。
2. 現場地面定位不鏽鋼條位置，每段鋼條以點焊連接固定，再進行磨石子地面的施工。

圖片提供__欣琦翊設計有限公司C.H.I. Design Studio

Chapter **03**

空間設計常用之
金屬設計哪裡找

Type01　專家廠商

Type02　設計公司

Type 01 | 專家廠商

國立臺灣科技大學機械工程系助理教授謝之駿

ADD：高雄市燕巢區尖山里後荷巷28號

TEL：0927-757-566

EMAIL：jeromehsieh@gmail.com

WEB／FB：www.facebook.com/superchunchun

交廣工程顧問有限公司

ADD：台北市大安區忠孝東路三段52號2樓

TEL：02-2709-0716

EMAIL：Sputnik_chen@tipe.com.tw

Sit down pls 請作鐵木工坊

ADD：基隆市七堵區工建南路2號

TEL：02-2452-0282

WEB／FB：www.facebook.com/sitdownpls

壹式設計整合有限公司

ADD：台北市太原路175巷5號

TEL：02-2550-6208

EMAIL：riskhomeconcetp@gmail.com

WEB／FB：www.risk-made.com

翔博金屬建材有限公司

ADD：新竹縣竹北市中和街165號、

　　　新北市新莊區中港路648巷15號2樓

TEL：03-554-5008、02-8521-1712

EMAIL：topguy.service@gmail.com

WEB／FB：www.siang-bo.com.tw

鐵漢金屬工藝有限公司

ADD：新北市土城區石門路49號

TEL：02-2265-2419

EMAIL：topguy.service@gmail.com

WEB／FB：www.facebook.com/TehanMetal

Type 02　設計公司

FUGE GROUP 馥閣設計集團

ADD：台北市大安區仁愛路三段26之3號7樓

TEL：02-2325-5019

EMAIL：hello@fuge-group.com

WEB／FB：www.fuge-group.com

HII ARCHITECTS 工二建築設計事務所

ADD：台北市士林區大南路299號3樓

TEL：02-2881-8664

EMAIL：hii@hiiarchitects.com

WEB／FB：hiiarchitects.com

II Design 硬是設計

ADD：高雄市新興區中正四路34號3樓

TEL：07-285-1003

EMAIL：insideinsightdesign@gmail.com

WEB／FB：iidesign.com.tw

Peny Hsieh Interiors 源原設計

ADD：台北市四維路160巷26號2樓

TEL：02-2709-3660

EMAIL：yydg2014@gmail.com

WEB／FB：www.penyhsieh.com

W&Li Design 十穎設計

ADD：台北市文山區興隆路四段13號1樓

TEL：02-8661-3291

EMAIL：wnli.design@gmail.com

WEB／FB：www.wnlidesign.com.tw

一水一木設計工作室
ADD：新竹縣竹北市復興三路2段68號
TEL：03-550-0122
EMAIL：1w1w@1w1w-id.com
WEB／FB：www.1w1w-id.com

木介空間設計
ADD：台南市安平區文平路479號2樓
TEL：06-298-8376
EMAIL：mujie.art@gmail.com
WEB／FB：www.mujiedesign.com

水相設計
ADD：台北市大安區仁愛路三段24巷1弄7號1樓
TEL：02-2700-5007
EMAIL：info@waterfrom.com
WEB／FB：www.waterfrom.com

合風蒼飛設計+張育睿建築師事務所
ADD：台中市五權西路二段504號
TEL：04-2386-1663
EMAIL：soardesign@livemail.tw
WEB／FB：www.facebook.com/soar.design.tw

兩冊空間設計
ADD：台北市大安區忠孝東路三段248巷13弄7號4樓
TEL：02-2740-9901
EMAIL：2booksdesign@gmail.com
WEB／FB：2booksdesign.com.tw

Type **02** 設計公司

知域設計
ADD：台北市大同區雙連街53巷27號
TEL：02-2552-0208
EMAIL：norwe.service@gmail.com
WEB／FB：www.norwe.com.tw

欣琦翊設計有限公司C.H.I. Design Studio
ADD：台北市大安區四維路208巷16號4樓
TEL：02-2708-8087
EMAIL：chidesign7@gmail.com
WEB／FB：www.chidesignresearch.com

林淵源建築師事務所
ADD：台北市文山區羅斯福路五段245號11樓之1
TEL：02-8931-9777
WEB／FB：www.facebook.com／林淵源-114690733681474

構設計
ADD：新北市新店區中央路179-1號1樓
TEL：02-8913-7522
EMAIL：madegodesign@gmail.com
WEB／FB：www.facebook.com/madegodesign

開物設計
ADD：台北市大安區安和路一段78巷41號1樓
TEL：02-2700-7697
EMAIL：aa.aheaddesign@gmail.com
WEB／FB：aheadconceptdesign.com

提提空間設計
ADD：台北市信義區永吉路30巷12弄16號1樓
TEL：02-2749-5490
EMAIL：hello@shih-shih.com
WEB／FB：shih-shih.com

新澄設計
ADD：台中市龍井區藝術南街42號1樓
TEL：04-2652-7900
EMAIL：new.rxid@gmail.com
WEB／FB：www.newrxid.com

謐空間 MII Design
ADD：台北市松山區延壽街402巷2弄10號
TEL：0939-733-303
EMAIL：mii.studio.info@gmail.com
WEB／FB：miidesign.com.tw

蟲點子創意設計
ADD：台北市大安區師大路80巷3號1樓
TEL：02-2365-0301
EMAIL：hair2bug@gmail.com
WEB／FB：www.indotdesign.com

懷特室內設計
ADD：台北市中山區長安東路二段77號2樓
TEL：02-2749-1755
EMAIL：takashi-lin@white-interior.com
WEB／FB：www.white-interior.com

Material 013

金屬材質萬用事典

從空間設計適用金屬種類、表面加工與塗裝,到施作工法全解析,
玩出材料的新意與創意!

國家圖書館出版品預行編目(CIP)資料

金屬材質萬用事典:從空間設計適用金屬種類、表面加
工與塗裝,到施作工法全解析,玩出材料的新意與創
意!/漂亮家居編輯部作. -- 初版. -- 臺北市:麥浩斯出
版:家庭傳媒城邦分公司發行,2020.10
　　面;　　公分. -- (Material;13)
ISBN 978-986-408-637-5(平裝)

1.家庭佈置 2.空間設計 3.金屬材料

422.5   109014056

編審修訂	謝之駿
作者	漂亮家居編輯部
責任編輯	余佩樺
封面&版型設計	曾玉芳
美術設計	曾玉芳
採訪編輯	余佩樺、許嘉芬、洪雅琪、蔡竺玲、王馨翎、田瑜萍、陳佩宜、李與真
編輯助理	黃以琳
活動企劃	嚴惠璘

發行人	何飛鵬
總經理	李淑霞
社長	林孟葦
總編輯	張麗寶
副總編	楊宜倩
叢書主編	許嘉芬

出版	城邦文化事業股份有限公司麥浩斯出版
地址	104 台北市中山區民生東路二段 141 號 8 樓
電話	02-2500-7578
傳真	02-2500-1916
E-mail	cs@myhomelife.com.tw

發行	英屬蓋曼群島商家庭傳媒股份有限公司城邦分公司
地址	104 台北市民生東路二段 141 號 2 樓
讀者服務專線	02-2500-7397;0800-033-2866
讀者服務傳真	02-2578-9337
訂購專線	0800-020-299(週一至週五 AM09:30 ～ 12:00;PM01:30 ～ PM05:00)
劃撥帳號	1983-3516
劃撥戶名	英屬蓋曼群島商家庭傳媒股份有限公司城邦分公司

香港發行	城邦(香港)出版集團有限公司
地址	香港灣仔駱克道 193 號東超商業中心 1 樓
電話	852-2508-6231
傳真	852-2578-9337
電子信箱	hkcite@biznetvigator.com

馬新發行	城邦(馬新)出版集團 Cite (M) Sdn Bhd
地址	11, Jalan 30D／146, Desa Tasik, Sungai Besi, 57000 Kuala Lumpur, Malaysia.
電話	603-9056-3833
傳真	603-9056-2833

總經銷	聯合發行股份有限公司
電話	02-2917-8022
傳真	02-2915-6275

製版印刷	凱林彩印股份有限公司
版次	2020 年 10 月初版一刷
定價	新台幣 550 元整